大樂文化

大樂文化

大樂文化

麥肯錫教你如何談判的說話課

16 種方法讓對手卸下武裝，
一起把利益的餅做大！

寧姍——著

Contents

Contents

附錄

前言
麥肯錫帶領你，學會談判創造雙贏

當你想要克服困境、扭轉危機時，除了保持冷靜之外，更需要擁有智慧。一旦具備冷靜心態和聰明才智，就會看見一扇通往光明的大門正緩緩開啟，這扇門就是「談判」。

根據唯物辯證法，任何事物在發展過程中不可能總是一帆風順。在生活和工作中，往往會遇到各種危機和不如意的事，談判便是解決問題的好方法之一。只要大家對同一件事抱持期望，談判就有機會發生。因此，談判無所不在，特別是在商務活動中，談判顯得尤其重要。

不同的人對談判有不同的認知及定義。英國談判家馬許（P.D.V. Marsh）認為，談判是在一項涉及雙方利益的事務中，為了滿足自身利益而進行協商，並根據情況及時調整條件，進而達成協定的協調過程。

法國談判專家克里斯托夫‧杜邦（Christophe Dupont），在《談判的行為、理論與應用》一書中指出，談判是相關成員面對面坐在一起，因為彼此間存在分歧而對立，又因為彼此需要而相互依存，透過達成某種協議，以便終止分歧，並且創造、維持、發展某種關係。

《國際商務談判》作者張祥認為，談判是人們為了協調彼此的關係、滿足各自需求，透過協商而爭取意見一致的行為和過程。

綜合以上所述，談判是在正式場合中進行的交涉、洽談、協商等活動。從談判的定義來看，它是雙方為了各自利益而謀求雙贏所採取的行動。雙方經過談判交換意見，期望消除分歧，最終達成妥協或一致的目標。

那麼，該怎麼談判才能實現既定目標？肯定不是雙方見個面、隨意聊聊、簽字畫押這麼簡單。世界知名顧問公司麥肯錫，在談判方面有著極豐富的經驗和各種理論體系，例如SCQA分析法、實地訪談等。

本書以談判的標準流程為架構，麥肯錫的方法論為素材，展現一個完美的談判方法，是一本人人都需要的「談判勝經」。

談判中經常運用說話技巧，但我們講得再好，也無法遠離危險。其實，你需要的是可以扭轉危機的交涉技巧。不過，你得先了解危機的發展與特點，以及談判如何將危機化為轉機。

此外，本書最後的附錄，提出工作上常見的六種危機，供大家參考。

序　章

談判是一門說話藝術，把危機化為轉機！

為何世界第一的ＩＢＭ電腦帝國會被併購？

企業的經營活動總是伴隨著與外部的交流、員工之間的互動、股東之間的往來，由於各方利益取向不同，出現衝突是無可避免的。當這些衝突發展到一定程度，並對企業的聲譽、經營活動或內部管理造成負面影響時，會演變成企業危機。

危機顧名思義是危險和機遇並存。**唯有充分意識危險的存在，才能採取預防措施，進而發展成為機遇**。如果企業對環境變化缺乏警覺，對帶來的危險渾然不覺，就會逐漸喪失競爭力，在危險到來時手足無措、無力應變，最終被市場淘汰。

安逸是看不見的危機，總在不知不覺中傷害我們。電腦界藍色巨人ＩＢＭ的慘敗經驗，便是典型案例：

ＩＢＭ是一家資訊技術公司，在他們的管理階層發現大型電腦可以為公司帶來豐厚利潤後，整個ＩＢＭ都沉浸在安逸的氛圍裡，以為從此高枕無憂。當ＩＢＭ還陶醉在自我成功的喜悅時，市場環境已悄悄發生變化，人們更看好便於攜帶的小型電腦。不過，ＩＢＭ不理睬這個新市場，完全沒有意識到危機即將降臨，依然沉醉於大型主機電腦造就的輝煌中，繼續擴增它們的市場比重，最終害慘自己。

成敗之間的差異只在於是否擁有危機意識。企業管理階層若忽視危機的存在，最終會死於安樂；若時刻保持高度警戒，就會激發無窮的潛力，在危險來臨時找到成功的機遇，促進企業發展。由於危機對發展與生存有著重要影響，甚至會引發巨大衝擊和破壞，因此對一家企業來說，領導者的危機意識會直接影響企業的成敗。

❖抱持僥倖心態終會害到自己

經歷三聚氰胺事件之後，中國蒙牛集團發生特侖蘇ＯＭＰ事件，讓消費者對乳製品望而生畏。二〇〇九年二月十一日，許多記者收到國家質檢總局發出的內部公函，內容表示禁止蒙牛集團向特侖蘇牛奶添加OMP。隔天，OMP成為各大媒體關注的焦點，蒙牛集團一夜之間陷入危機狀態。

後來，雖經國家質檢總局暫時排除OMP對人體的危害，但同時指出，依據《食品安全衛生管理法》規定，進口無國家衛生標準的產品必須經過衛生部批准。中國現行衛生標準沒有允許使用OMP食品原料，蒙牛集團不僅違反規定擅自進口使用，還有造假宣傳的嫌疑。

此外，中國奶業協會也提出質疑，該協會常務理事王丁棉表示：「蒙牛集團一直迴避事實，並且造假國外使用情況來蒙蔽消費者。事實上，OMP在國外很少食用。根據奶協在美國的調查顯示，美國政府至今沒有食品認證機構正式批准該類產品。」

蒙牛集團的乳製品眾多，人們一旦對該集團有疑慮，就會大幅降低消費慾望，導致損失慘重。蒙牛集團因為OMP危機，再加上先前的三聚氰胺事件，企業形象大打折扣，再次陷入輿論譴責與市場失守的雙重煎熬。

從上述案例可知，**企業不管做什麼決策，都要先設想不良後果**。蒙牛集團的管理階層抱持僥倖心態，使得企業陷入危機。雖然主管機關已發布公告，許多電視台也做了報導，蒙牛集團還特地為此召開記者會，但無法彌補事件帶來的負面影響。

❖認識危機的四個特點，提前做好預防措施

我們觀察危機的產生，可以看出危機具有以下四個特點：

①**出乎意外**：危機總是潛伏在表象之下，所以人們通常對它毫無防備。企業面臨危機時，需要管理者當機立斷，但危機的意外特性往往導致決策失誤。

②**造成破壞**：由於危機具有意外的特點，所以會造成不同程度的破壞，嚴重時甚至帶來混亂和恐慌。若企業缺乏應對能力，就會遭受巨大損失。

③**成為焦點**：人人皆有好奇心，當某個企業出現問題，特別是影響消費者利益時，會引起大家的注意，使危機快速成為大眾關注的焦點。

④**時間緊迫**：有專家認為，危機不但對社會的基本價值和行為準則產生威脅，還

要求決策者在時間壓力和不確定因素下，做出關鍵決策，這明顯表達出危機的緊迫特徵。

由於危機總是突然爆發，令企業措手不及，所以在危機萌芽之初，就加以解決或避免惡化，是預防不良後果的首要任務。否則一旦危機爆發，卻不能及時控制，它的毀滅性能量就會迅速釋放、快速蔓延，使企業蒙受嚴重損害。

因此，企業必須有強烈的憂患意識、科學的決策力，以及從現象認識本質的邏輯思維，才能合理地解決危機，避免無法彌補的損失。

麥肯錫顧問教你，如何善用談判化解危機

《韋氏字典》這樣解釋危機：「危機是事件轉機與惡化之間的轉捩點。」就字面意思來說，危機是由危險、危難和機遇、機會所組成，因此企業出現危機不代表它的結果一定是負面的，只是前途未卜，具有一定程度的風險。如何把握這個轉捩點，取決於決策者對待危機的態度及解決能力。

❖妥當處理危機，敲碎成功路上的絆腳石

房地產商SOHO中國公司董事長潘石屹，曾經放棄穩定工作，靠打工維持生計，他能有今天的成就，與創業的勇氣和化解危機的能力有關。潘石屹曾說：「在現

今多元化的時代，突發事件已成為企業經營常態，許多企業往往在面臨危機時猝不及防、亂了心智，似乎沒有應對的準備，導致今後工作中處處消極。」

二〇〇一年，潘石屹開發的「SOHO現代城」大賣，但後來許多屋主反應新房裡有刺鼻的臭味。北京相關單位對房子進行檢測，發現空氣中氨氣濃度高出國家環保標準。潘石屹馬上明白事情的嚴重性：如果處理不當，自己將淪為黑心開發商，並對現代城的聲譽造成毀滅性衝擊。面對突發危機，他冷靜且主動出擊，迅速找到原因。原來是施工單位為了防止天氣太冷造成混凝土凝固，而加入含氨的防凍劑。

潘石屹當機立斷，在第一時間公開向所有客戶道歉並說明原因，另一方面，立刻在全世界徵求消除氨氣的設備和技術。為了徹底解除大家的疑慮，他答應那些想退屋的客戶，以原價的百分之十作為賠償，並且可以無條件退屋。

潘石屹的補救措施不僅打響誠信的品牌特質，還為自己做了免費廣告。後來，「綠色」成為SOHO現代城的行銷賣點，壞事變好事，原本的絆腳石反而變成新專案的推進器。

❖把握五個關鍵，化危機為轉機

潘石屹用行動證明，危機不是只帶來毀滅和衝擊，還帶來機會和力量，關鍵在於決策者的因應態度和能力。如果能做到以下五點，便可以扭轉劣勢：

①**具備危機意識：**雖然危機具有突發性，但任何事情的發生都有原因，只要管理者仔細觀察，不放過任何經營細節，並隨時做好應對準備，即使發生災難也能及時化解，防止更大的傷害，同時提升企業的競爭力。

②**正面應對：**危機來臨時，企業高層和決策者絕不能掩蓋事實，否則會帶來更嚴重的損失。若能像潘石屹一樣正面應對，向公眾告知實情，並積極尋找對策，才有機會解決問題，成功扭轉劣勢。

③**保持頭腦清醒：**危機具有突發和毀滅的特徵，讓許多決策者在面臨危機時，手忙腳亂、不知所措。其實，危機一旦發生，不會因為你的慌亂無措而減緩。管理者應該保持頭腦清醒，分析危機產生的原因，迅速找到解決方法，否則很難

改變企業遭受衝擊或倒閉的命運。

④態度誠信：領導者面對問題時，如果只想息事寧人、採取敷衍的方法，會讓事態更惡化。正確的態度是拿出誠信，向顧客承諾，一方面尋求大家的原諒，一方面積極尋找解決方法。

⑤善用媒體：媒體的義務是傳播資訊，對他們來說，新聞的時效就是競爭力，誰先搶得第一手資料，誰就擁有優勢。「好事不出門，壞事傳千里」，媒體更希望搶得有負面影響的獨家新聞，因此他們對危機事件特別感興趣。當危機來臨時，企業可以利用媒體的心理，主動接受報導，並積極合作，爭取正面宣傳，便能淡化危機的負面影響，讓危機變成轉機。

總之，危機是一種不穩定的狀態，所以**在危機面前一定要保持冷靜，尋找最佳解決方案，讓危機變成企業發展的良機。**

談判的好處不只是創造雙贏，還有……

雖然企業產生危機的原因不同，但不外乎以下兩個原因：

①**內部經營不善**：企業自身在營運過程中產生危機。

②**外部環境導致**：因外部環境變化而引起危機。

企業很難掌控外部客觀、不可抗拒等因素引起的危機，因為它們具有極大的不確定性。相對地，內部因素可以透過企業的積極行動及管理有效避免，而運用談判解決問題，就是方法之一。

❖談判有時勝過千軍萬馬

魯僖公三十年九月，鄭國遭到秦、晉兩國的聯合進攻，處境非常危險。大臣佚之狐向鄭文公推薦燭之武：「如今鄭國處於危險之中，假如讓燭之武去見秦穆公，一定可以解除危險。」

鄭文公接受佚之狐的建議，沒想到竟遭燭之武拒絕，燭之武說：「我年輕時辦事尚不如別人，現在老了更沒有本事。不行，我做不了大事！」

鄭文公聽聞後，向燭之武道歉：「對不起，我以前沒有重用您，是我的錯。現在鄭國處於危險之中，如果真的滅亡，對您也不利啊！」燭之武深思熟慮後，便答應這件事。

當天晚上，秦穆公接見燭之武。一開始，他對燭之武的到來沒有放在心上。燭之武說：「如果秦、晉兩國圍攻鄭國，鄭國肯定會滅亡，但大王是否想過，滅掉鄭國對您有好處嗎？您把鄭國滅了，鄭國真的會遵守邊界不踰越嗎？您滅掉鄭國不僅對秦國沒有好處，反而增加鄰國的力量。如果您把鄭國當作接待過客的主人，供給秦國出使的人缺少的東西，對您沒有害處。您曾幫過晉惠公，他答應給您焦、瑕兩座城池，可是他回去後就加緊修築防禦工事，您難道忘了嗎？晉國是不會滿足的。您現在這樣做等於是增強晉國力量。希望您慎重考慮！」

秦穆公對燭之武的意見與建議心悅誠服，便與鄭國簽訂盟約且撤軍，更派遣杞子、逢孫、楊孫幫助守衛鄭國。

燭之武靠一張嘴，輕鬆化解鄭國即將發生的亡國危機，這就是談判的魅力。他巧妙利用矛盾，找到與秦國的共同利益，終於說服秦穆公，解除鄭國的危機。行軍打仗講究攻心為上，軍事談判也是攻心的方法之一，有時候它的作用勝過千軍萬馬。其實，解除企業危機同樣可以採用談判策略。

❖ 扭轉劣勢之外的三個收穫

談判不僅能為企業扭轉危機、擺脫困境，還可以帶來以下三個意想不到的收穫：

①**實現經濟目的：**談判的目的是讓自身的利益最大化。一場成功的談判建立在雙方都有獲利上，所以談判是企業實現經濟目的的重要手段。

②**獲取重要訊息：**透過談判，不僅能了解對方的實力和資訊，還能藉由對方的談判資料，獲取重要的市場訊息。

③**開拓市場：**企業的實力在於產品的市場競爭力，這也是談判桌上的軟實力。想開拓更廣泛的市場，就要依靠談判這個無形力量，為企業獲取更大的市場占有率。

序章重點整理

- 唯有充分意識危險的存在，才能採取預防措施，進而成為發展的機遇。
- 在危機萌芽之初，加以解決或避免惡化，是預防產生不良後果的首要任務。
- 企業出現危機，不代表結果必定是負面的，只是前途未卜，具有一定程度的風險。
- 企業遇到危機時，若具備危機意識、採取正面應對、保持頭腦清醒、抱持誠信態度，以及善用媒體，就能扭轉危機、脫離困境。
- 危機不只帶來毀滅和衝擊，還帶來機會和力量，關鍵在於決策者的態度與能力。
- 談判不僅能幫助企業擺脫困境，還可以為企業帶來意想不到的收穫。

麥肯錫重視「以事實為依據、搜集資料和知識管理」，在談判上也是同樣的流程。唯有知己知彼，同時預測和控制談判的開局與結尾，才算是做好準備工作。

本章將解說搜集資料的方法和注意事項。

第 1 章

談判前的準備？
掌握關鍵資料決勝負

麥肯錫顧問很懂，在4方面做好準備

談判桌就像戰場一樣，充滿各種不確定因素，如果你想在複雜的局勢中搶占先機，甚至先發制人，就必須做好充足的準備。麥肯錫告訴我們，一個典型的談判，至少有百分之五十，早在你和談判者見面之前，就已經知道結果了。

❖ 勝利只留給做足準備的人

美國總統甘迺迪是世上公認最優秀的談判專家。有一次，甘迺迪趕去維也納，與時任蘇聯部長會議主席赫魯雪夫，進行政治談判。

在談判開始前，甘迺迪藉由各種管道，獲取赫魯雪夫的所有公開聲明及演說資料，甚至深入研究他的個人經歷、業餘愛好，連喜歡吃的食物、常聽的音樂也瞭若指掌。不僅如此，甘迺迪還全面分析赫魯雪夫的思維及心理狀態。只要旁人提到赫魯雪夫，甘迺迪就會說出他的所有優點，像對待多年的老朋友一樣，甚至在談判中猜出他的下一句話。

雖然那次的談判結果沒有公之於眾，但是近代學者認為，後來發生的古巴飛彈危機中，甘迺迪能不顧各方壓力，做出強硬的姿態，不僅是因為他對赫魯雪夫的性格瞭若指掌，還可能是由於那次談判，赫魯雪夫早已對甘迺迪產生畏懼之心。

可見得，談判前做好萬全準備是一件重要的事。正如古希臘哲學家第歐根尼（Diogenes Laertius）所說：「從哲學中，我學會做好準備迎接各種命運。」法國作家羅曼・羅蘭（Romain Rolland）也曾說：「人們常覺得做準備是浪費時間，唯有當真正的機會來臨，自己卻沒有能力把握時，才會發現平時沒做準備才是浪費時間。」

充分且縝密的準備工作，和談判過程中的策略與技巧同樣重要。**只有做好充分的準備，才能如魚得水、靈活應變，將雙方的利益衝突降到最低**。相反地，如果沒有做足準備就倉促上陣，最後的結果便不會盡如人意。因此，談判者必須明白：**真正的談**

判開始於談判之前，做好準備才能萬無一失。

缺乏經驗的談判者總是不做任何準備就開始談判，他們的理由大多是時間匆促。例如：一位婦人忽然被手錶廣告吸引，決定馬上購買一隻，但身上的錢不夠，又不熟悉這個品牌，在如此匆忙的情況下，不太可能做好討價還價的準備。

談判者如果不夠重視談判，或將它認定只是突發事件，就會出現「現在才做準備已經太遲了，只好兵來將擋，水來土掩」的心態，這種心態將導致談判失敗。究其原因，是他們很少未雨綢繆，只會在情急之下臨時抱佛腳。

其實，時間的重要性遠超過談判者的想像。許多談判在即將結束之時，仍具有很大的彈性。也就是說，由於準備工作沒有明確的截止日期，直到最終達成協議之前，都不能停止。

❖ 準備工作應從這四個地方著手

由於談判涉及的層面廣泛，準備工作也相對複雜，所以做好準備絕非簡單事。那麼，我們該如何在談判前做好準備？麥肯錫認為，至少需要做到以下四點：

①**知己知彼**：做好事前準備是獲得資訊的好方法。談判前，我們必須全面分析自身情況，再設法獲取對方的資訊，其中包括對方的實力、性格、愛好等。如此一來才能抓住對方的弱點，讓談判更順利。

②**擬訂目標**：談判有三個利益，包括了非要不可的利益、可有可無的利益、拿來交換的利益。談判前應該先了解我方要什麼，也就是擬訂目標，在以上三種利益中做選擇，並排好順序。

③**制訂策略**：每場談判都有其特點，所以不同的談判需要相應的策略。談判前，談判者可以先制訂策略，再根據雙方的真實情況做調整。

④**預留退路**：我們無法保證談判一定會成功，所以要學會給自己預留退路，做好替代方案，同時也要盡量預測對方的退路，才能知道自己握有多少籌碼。

麥肯錫顧問知道，事實才是最強武器

俗話說：「事實勝於雄辯。」談判中我們必須以事實為基礎，反映現實問題，拒絕虛假資訊。

❖不輕易聽信小道消息

對談判者來說，假消息可能是致命的。面對真實的消息，我們只要根據既定的策略去解決即可，假消息卻可能讓我們付出沉重的代價。所以，為了避免受到傷害，我們必須及時判斷訊息的真假，無論在什麼情況下，都要盡量避免傳播假消息，及時處理小道消息。

二〇一一年三月十一日，日本福島核電廠發生核事故，於是市場上出現「因為海水受到核輻射汙染，所以食鹽價格將大幅提高」、「食鹽可以抗輻射」的各種傳言，導致不少國家出現搶購風潮，一度出現食鹽供不應求的情況。

如果基於不實資訊而盲目進行談判，結果肯定不會盡如人意，甚至慘敗收場。由此可見，**尊重事實才是談判者最強而有力的武器**。

❖ 別被過去的經驗束縛

再優秀的談判者，也會被以往的經驗影響，甚至走入慣性思維，導致談判過程中出現問題或招致失敗。

在早期，西方國家的人們認為天鵝都是白色的。直到十七世紀，某位生物學家發現黑天鵝品種，才顛覆他們過去的想法，讓匪夷所思的事變得理所當然。生活中也經常發生類似的事，舉例來說，一隻渴望有人餵食的雞，每天都從人類身上得到食物，就會堅信人類都是仁慈的，但這隻雞從來沒想過，有朝一日會被人類宰殺。可見得，很多你以為正確、合理的事實，其實只是被過往的經驗所欺騙。

雖然經驗十分重要，可是某些時刻，它可能會遮蔽你的雙眼，進而影響判斷力，例如：在炒股的過程中，有些經驗在某時段無比珍貴，但過了這個時段可能會使人落入陷阱。

因此，談判者不要總是憑藉經驗推測未來，有些經驗只會讓你故步自封、誤入歧途。如果經常依賴過往經歷，恐怕會讓思維僵化，使談判陷入僵局。麥肯錫表示：「談判者最好不要被自己的經驗左右。」在經驗面前，談判者必須當心虛假、錯覺或幻覺帶來的負面影響，因為它們會讓你更加不知所措。正如哲學家伯特蘭・羅素（Bertrand Russell）曾說：「我們應該時常質疑自認為理所當然的事。」

無論在什麼類型的談判中，事實都是我們最好的諮詢團隊。**尊重事實的談判者不會被過多的經驗所束縛，因為他們知道經驗並非完全可靠。**當我們越了解事實，處理問題就會越得心應手；越不了解事實，思維就會越混亂，也就越容易出現問題。

這個道理雖然簡單，卻被大多數人忽略。因此，為了讓每一次的談判更加順利，我方要在談判前過濾資訊，這也能使我們對事實的認知更清楚。

❖挑選真實資料的三個原則

那麼，談判者該如何遠離人云亦云、拋棄自身經驗，讓事實更具說服力？答案是引用符合自身立場及事實的資料。以下舉出三個選擇真實資料的原則：

①**定位要準確**：由於每場談判的需求不盡相同，談判者必須將資料做準確的定位。在談判過程中，引用越多真實資料越有說服力，也更容易取得勝利。

②**可靠程度高**：談判者選取資料時，必須反覆、認真地查核，千萬不要道聽塗說，更不能胡亂編造。

③**具體背景**：所有資訊都有它的發展及變化過程等具體背景，這些背景能夠反映資料的時空特性。若只是單純談論事實而沒有找出它的具體背景，便毫無價值可言，甚至適得其反。另外，採用何時、何地的資料也必須謹慎，例如：過去的事實無法解釋現在的問題；國內的資料不一定適用於國外。

麥肯錫顧問如何搜集與掌握資料？

在資訊化時代，人們無論做什麼事情，都必須了解並掌握大量訊息，商務談判也是如此。事實上，許多談判者之所以會失敗，是因為初期的整理工作做得不夠周到。談判過程中對資訊有極高的需求，如果沒有掌握較多相關資料，又不了解對方，就會走向失敗。

舉例來說，當對方拋出強硬的觀點時，我方需要使用大量的事實和論據來證明自己的觀點。如果對方比我們強，而我們沒有充分掌握證據和資料，就會不斷受制於人，導致談判失利。

❖為何沃爾瑪能讓供應商無力招架？

傳播學有一個概念：「掌握足夠的資訊，能消除人們的不確定感。」所以，在談判正式開始前，想了解對方意圖、制訂計畫、確定策略等，都離不開搜集資料。

尤其在長期談判前，更應該搜集大量的客觀證據和資料，**如果談判者在搜集資料上下功夫，肯定會更有說服力**。很多成功的商務談判，也僅是利用龐大資料庫中的一部分而已。

以下提供一個經典案例：

沃爾瑪曾向中國幾家廠商採購電動滑板車，數量高達上百萬輛。不過，沃爾瑪對這些企業提出一個嚴苛的要求——必須提供每個零件的詳細報價以便選擇。

當時，中國電動滑板車業尚未進入穩定發展的階段，如此龐大的訂單是各家企業努力爭奪的目標。好幾家企業為了爭取訂單，提出沒賺錢也要做的策略，在報價時盡可能壓低成本，將利潤降到最低。

但在談判過程中，沃爾瑪突然改變採購方針，拆解部分企業的訂單，只採購低成本或是對廠商來說不符合成本的產品。在如此龐大的壓力下，中國的深茂企業選擇放棄。事後，該公司負責人感慨地說：「與沃爾瑪談判的過程中，我們始終處於被動狀態，因為沃爾瑪對我們的產品與成本瞭若指掌。」

為何沃爾瑪可以在談判中占據優勢？主要原因在於沃爾瑪擁有龐大的資料庫，並且準確分析原始資料，因此掌握了談判主導權。

❖ 搜集原始資料有三個原則

資料可以分成原始資料與加工資料兩種類型，原始資料是指談判者能直接獲取的知識、概念、經驗、資料等，而加工資料則是指對原始資料進行分析、改編或重組後形成的新形式、新含義的資訊。

投資人都知道，要先根據業內行情（原始資料）做出預測，如果等到所有人都知道相關消息（加工資料）才採取行動，就為時已晚。所以，原始資料主要是指形成事實最重要的部分，包括了文件、報表等一手資料，而不是經過轉述、加工後的二手資料。

有時候，談判者沒有親眼所見、親耳聽聞、親身經歷，就永遠無法了解第一線究竟發生什麼事，因為許多看似緊密相關的事物，一到現場就會出現乖離的情況，而平時乍看毫無關係的事物則變得緊密相聯。這些情況都是在第一線搜集原始資料時才能發覺，但在間接的簡報、論文等二手資料中無法發現。

為了保證搜集原始資料的品質，談判者必須遵守以下三個原則：

①**準確性**：不管透過什麼途徑獲取原始資料，都必須真實可靠，這是搜集資料最基本的要求。所以，談判者應該反覆審核、檢驗獲取的資訊，努力將誤差降至最低。

②**時效性**：談判很重視時間，搜集原始資料必須注意時效性。唯有迅速提供資料並加以利用，才能顯示其價值。尤其談判特別講究事前資訊，而非事後諸葛。

③**完整性：**搜集到的原始資料要廣泛且完整，而不是片面又零碎。只有完整的資料才能完好無缺地反映事物的整體面貌，為談判提供保障。

❖ 搜集原始資料有五個管道

想要獲得未經過任何處理或過濾的原始資料，就必須用對方法找到正確的管道。

以下將資料分為五個種類：

①**銷售資料：**前往銷售第一線，直接和銷售員交流，甚至和他們一起行動。

②**製造商資料：**直接前往生產線，與現場人員交流，並在條件允許的情況下，一起執行某項作業。

③**產品研發資料：**和購買產品的消費者交流，從他們口中獲取第一手資訊，例如：為何使用這個產品；此產品與其他產品有何差異；在不同場合該如何使用等等。

④**研究資料**：與研究者當面交流，或是前往研究室進行分析與調查。

⑤**相關資料**：針對未經加工的第一手原始資料，觀察其變化或特徵。

需要留意的是，在搜集資料的過程中，不能像對待犯人一樣審問對方，而要採取謙虛友好的態度，即使只是閒聊，也可能獲得大量寶貴的資訊。

【方法1】6方法訪談，準確取得第一手資料

在麥肯錫的專案中，獲取第一手資料的必要途徑是訪談，而且還要多次訪談。無論是個人還是團隊，談判開始前都需要獲取重要資訊，訪談便是麥肯錫顧問填補知識上的空白、獲得更多經驗的最佳方法。

雖然談判者透過閱讀書籍、報刊文章和學術論文，可以獲得許多知識，但要了解一家公司的實際情況，必須前往公司的基層，從第一線員工那裡尋求答案。

在麥肯錫，訪談被視為一種技能，在解決問題的流程中占據十分重要的位置。無論你是資歷最淺的基層員工，還是資深的高層管理者，都會有急需他人資訊和智慧的時刻。那麼，談判者該如何進行正確的訪談呢？

❖訪談前，先製作訪談提綱

在訪談之前，必須做好萬全的準備。你可能只有半小時的時間，採訪一位再也不會碰面的受訪者，所以必須先想好要問哪些問題。**建議你事先寫一份訪談提綱，這麼做可以節省雙方的時間，並獲得更準確、詳細的資訊**，畢竟沒有人願意消耗過多的時間接受採訪。

在製作訪談提綱時，有兩個層面需要思考：一是你必須清楚知道自己提出的問題是什麼，並按照一定順序記錄下來；二是你必須明白自己真正需要什麼，想要達到什麼目的，為何需要訪談這號人物。如果清楚自己的訪談目的，就可以將問題排序，並且正確地表述。

根據麥肯錫的慣例，一次性訪談通常是從提出一般問題開始，再逐漸提出具體問題。當然，不要馬上進入敏感話題，直接詢問對方：「你的職責是什麼？」「你會在這家公司待多久？」可以先從溫和的問題開始，例如行業概況，再循序漸進。

確定訪談的問題時，可以加入一些你已知道答案的問題，這可以讓你了解受訪者的誠實及知識，而且另一個好處是，很多你以為知道正解的問題，說不定還有不同的答案。

寫好訪談提綱後，從頭到尾再看一遍，然後問自己：「在這一次的訪談中，我最想知道的三件事情是什麼？」這三件事情是你在訪談前就想知道的，因此你離開前必須找到它們的答案。

❖訪談時，要專注傾聽

麥肯錫顧問在訪談技術方面非常獨到，其中訪問者最需要做的就是「讓對方知道你一直在傾聽」。

如果你很有禮貌地提問、有誠意地請教、有耐心地傾聽，受訪者通常會很樂意回答，特別是當他知道你對他講述的事感興趣時。你可以在談話的空隙加入一些穿插語，讓對方明白你正在聽，例如：「是的」、「我明白了」、「嗯」，這麼做也可以給對方一個喘息和整理想法的機會。

另外，訪問者還可以透過肢體語言，表達自己的興趣與友好的態度。舉例來說，當受訪者說話時，你讓自己的身體微微往他的方向靠近；受訪者每講完一句話，你就點頭表示理解，並做好記錄。即使對方喋喋不休，也要拿出筆和紙做記錄，這可以讓他知道你一直在傾聽，並沒有注意力渙散。

不過，為了不讓訪談內容偏離主題，訪問者可以在必要時打斷受訪者，舉例來說，當對方離題時，你面帶微笑打斷他的話，或是尋找說話的空隙，引導他重新回到主題上。

❖ 訪談成功的六個策略

每一次訪談都要講究策略，如果你想在有限的時間內達成目的，可以嘗試以下六個策略：

①請受訪者的上司安排見面：從受訪者上司的口中說出這次訪談的重要性，能讓

受訪者更認真對待此次訪談，尤其當他知道上司希望自己接受訪談時，更不會搪塞或誤導你。

②**兩人一組進行訪談：**一個人訪談確實困難，因為很容易為了同時採訪和記錄而出錯，也容易忽略受訪者透露的線索。這時最好安排兩人一組進行訪談，以便輪流提問和做記錄。

③**有條理地複述：**並非每個受訪者都能清晰有條理地表達想法，所以當對方說話毫無邏輯或嚴重離題時，你要有條理地複述他的話。他聽完你的複述之後，可以告知內容是否正確，而且還有補充資訊和強調重點的機會。

④**旁敲側擊法：**若受訪者在某些問題上感覺被冒犯，你不要繼續深入地問下去，應該圍繞在重要問題上，旁敲側擊地獲得想知道的資訊。

⑤**切忌問太多：**訪談的過程中要適可而止，不要追問受訪者知道的每一件事，因為你的目的只是獲取重要資訊。

⑥**抓住時機追加提問：**訪談結束後，受訪者通常會變得鬆懈，防備心也會減弱，你可以藉機再次向他提問。或是在訪談時間剩餘不多時，詢問受訪者是否還想

告知什麼資訊，也許會有意外收穫。

❖訪談結束後，寫一封感謝信

小時候長輩經常告訴我們，在收到禮物或接受他人幫助後，要記得感謝他人。因此，訪談完畢後，可以花點時間寫一封感謝信，這會讓你顯得有禮貌，也能突顯專業素養，或許會產生意想不到的收穫。

麥肯錫顧問時常提起這個故事：

有一位年輕顧問，要採訪位於美國中部的一家農產品公司的高級銷售主管。他打電話告訴對方，自己來自麥肯錫，需要做大約一小時的訪談之後，受到熱情歡迎。那位主管對顧問說：「你快來吧！」

年輕顧問才剛抵達公司，高級銷售主管就興高采烈地拿出一封信給他看。這封信是十五年前，由另一位麥肯錫顧問寄來的，信裡感謝那位主管接受自己的採訪。主管將這封信與自己的學位證書，一起掛在辦公室最顯眼的位置上。

由此可知，有時候表現出一點點的禮貌，就能建立長期且穩定的往來。正因為這封感謝信，那位高級銷售主管才會馬上同意麥肯錫的訪談。

【方法2】3面向判斷，訊息是否有效用

談判需要資料的支援，但過於豐富也會帶來麻煩。如果搜集原始資料已經讓你手忙腳亂，那麼處理各種資訊更會讓你不知所措。

❖ 張大眼睛，看清資訊的真假

有一家大型遊戲公司，曾因為一款暢銷遊戲出現漏洞而發生糾紛，遭遇前所未有的退貨潮。這個事件還被媒體誇大報導，導致該遊戲公司的股價下跌近百分之三十。但事實上，那款遊戲出現漏洞的機率很小，而且該公司可以妥善處理好哪些問題。其實，媒體上經常出現類似的報導，例如：「品牌即將倒閉」、「這家公司已經走到盡

頭」的聳動消息，這些都與事實有嚴重的差距。

在資訊化時代，各種報刊、電視、網路等媒介將各種資訊傳送到世界各地。隨著訊息量不斷增加，人們對於資訊的認知與利用也不斷增加，已經超出人們的想像，導致真正有價值的資訊被各種垃圾訊息淹沒。

談判者在面對這些龐雜的資訊時，經常感到倉皇無措、疲於應對。如果我們的判斷力沒有隨著資訊增長而提升，肯定會迷失在資訊的洪流中，導致談判失敗。

因此，從龐大的資訊中篩選出利於談判的資料，成了談判者的首要任務。我們應該擦亮雙眼，認真看待資訊，這正是利用資訊及正確決策的前提。一般來說，有價值的資訊有別於眾所周知的資訊，我們需要多加注意，並且努力搜集。

談判者在談判前，必須獲取大量資訊，但也需要適度犧牲。如果談判者沒有辨別資訊真偽的能力，便容易帶來嚴重損失。就像電腦藉由計算得出正確答案，談判者也需要透過判斷鑑別資訊。

既然不能輕易相信媒體上的資訊，我們該如何具體辨別與驗證資訊的真偽？以下提供三個判斷的地方：

①**資訊來源：**任何資訊都有其來源，談判者需要確認資訊來源，判斷資訊是否來自有權威的人，或其中涉及的事物是否為客觀真實，必要時可以實地考察。

②**時效性：**如果資訊的來源可靠，且具有一定的價值，接著要考慮其時效性。雖然人們經常忽略資訊的時效性，但唯有在時效上利於當前談判，或能對未來產生效益的資訊，才值得我們利用。

③**價值取向：**只有與談判息息相關的資訊才有價值。每個人的社會角色、知識、文化背景、生活經歷各不相同，使得資訊的價值取向呈現多樣性。要辨別資訊的價值，就要看它對於談判是否具有正面作用。

無論從哪方面來判斷資訊，我們都要掌握一個原則：選取的資訊必須提供真實且有價值的理論與依據，才能為談判打好基礎。

【方法3】用麥肯錫SCQA分析法，挖掘對方需求

很多談判者因為事前準備不周，犯下目標不明確、方法不恰當的錯誤，導致談判時過度拘泥小節而無法自拔。由此可見，做好準備是談判成功的首要原則。優秀的談判專家都是一流的溝通者，而溝通最重要的是發掘對方需求。

❖掌握對方需求，為談判做正確決策

一般情況下，準備階段包括搜集資料、分析資料和制訂計畫三方面。

我們該從哪方面著手？要搜集多少資料才能掌握對方的目的？該如何評定對方的偏好並加以分類？計畫應該做到什麼程度？是綜攬全局還是針對某個階段？許多談判

教材沒有仔細交代這些細節，以至於讀者認為資料準備得越完善，獲益就會越多。

但事實真是如此嗎？我們該如何判斷是否已做好準備？這時候，**挖掘對手的需求顯得很重要，可以幫助我們縝密分析和研究談判的準備過程**，判斷是否準備得既充實又有效，而不是有所欠缺或過分周到。

以下是一個因掌握他人需求，而獲得成功的例子：

一九九二年，柯林頓與老布希競選美國總統，在政見辯論會中，有一位女士提問：「你們會為貧苦人做什麼？」

老布希在政壇如魚得水，卻沒有什麼社會基層經驗，因此迴避這位女士的問題。然而，當時對於當選總統沒什麼勝算的柯林頓走到女士身邊，握著她的手說：「我非常能夠理解你的感覺，因為我自己也出生於貧苦家庭。我可以理解你的痛苦……」

因為這番話，柯林頓得到大批民眾支持，最終在總統競選中獲勝。

FBI談判專家及心理學家威廉・霍頓（William Horton）曾說：「優秀的談判者

最擅長做的事，就是讀懂對方的心，以相應的語言迎合對方需求，讓對方走進自己設下的世界而不自知。」這似乎是一件不可思議的事，但我們不能否認，唯有滿足對方需求，才能讓自己的需求得到滿足。

搜集資料有很大的局限性，往往不是想搜集就搜集得到。這時候，我們可以藉由換位思考的方式，探究對方的興趣、愛好及利益等焦點。雖然這項準備工作不會直接影響談判過程和決策，同時隨著談判的展開，許多事前準備的資料也可能被放棄，但我們可以透過推理和分析對方目的來提高認知，盡可能擴大事前準備帶來的效用，讓準備階段投入的心力有所收穫，強化談判過程和決策的靈活度。

另外，站在對方角度分析自己的利益，可以摸清我們的偏好，避免過程和決策中出現偏差，使談判技巧和目標更靈活可行，而這正是走向雙贏的必要途徑。

❖ SCQA分析法的妙用

那麼，該如何分析對方的需求呢？我們可以運用麥肯錫的ＳＣＱＡ分析法來深度剖析談判對象，為之後的談判做準備。

ＳＣＱＡ分析法是一種有層次、結構化的思考及溝通技術，可以幫助談判者挖掘對方需求，也可以直接運用在工作和談判過程中。ＳＣＱＡ分析法其實是金字塔原理的一個子結構，它的四個字母分別代表以下的意思：

情境（Situation）：從彼此熟悉的事物或情境，導入談判話題。

衝突（Complication）：上述的事物或情境中，存在哪些矛盾或衝突？

問題（Question）：針對從矛盾引發的問題，向對方提出疑問，並且商量該如何解決。

答案（Answer）：提出解決方案。

某公司開發一個新專案，在構思如何解說專案的環節中，主管召集所有研發人員展開討論，希望想出一個生動又有吸引力的說法。

專案負責人率先提出想法：「目前，本公司與計程車行合作推出計程車ＡＰＰ，也就是本公司的『乘車通』，這對市民來說非常便利。我們公司展現的調度系統是……」

專案負責人說完，所有人都沒什麼反應。這時，主管說：「這樣的解說有點抽象，接下來做些調整，看看是否會好一點？」

主管運用SCQA分析法（請見圖表1-1），將專案負責人的解說重新表達一遍：「我想大家肯定有這樣的經歷，在一個十分偏僻的地方，怎麼等就是等不到一輛計程車，好不容易來了一輛，車上卻已坐了人，真令人沮喪。如果當下是跟女朋友在一起，心裡更焦急，心想遇到這樣的情況該怎麼辦？這時，您只要使用我們推出的計程車APP，不論在全台任何地方，您都能輕鬆叫車，從容上車。」

主管說明完之後，會議廳內掌聲四起。

這就是運用SCQA架構的解說。在談判過程中，我們可以運用SCQA與對方交流，找到對方需求，藉此展開有利於我方的談判。舉例來說，你可以找一個合適的機會或場合，事先與談判者見面，用彼此熟悉的事物或場景，導入談判中可能會提及的

圖表1-1　用SCQA分析法解說專案特色

Situation（情境）
從彼此熟悉的事物或情境，導入談判話題

在一個十分偏僻的地方

→

Complication（衝突）
上述的事物或情境中，存在哪些矛盾或衝突？

等不到計程車，即使來了也已坐了人

↓

Question（問題）
針對從矛盾引發的問題向對方提出疑問，並商量如何解決

心想遇到這樣的情況該怎麼辦？

←

Answer（答案）
提出解決方案

使用我們的APP，可以輕鬆叫車、從容上車

話題，這就是「情境」。

接著，在聊天過程中引入不同的見解，或開門見山說出自己的想法，透過有所保留的敘述拋磚引玉，讓對方說出平常不會主動提起的話題，或是與我方意見矛盾、但我方不知道的內容，由此產生「衝突」。

再來，向對方提出疑問，也就是雙方都關注的問題，指出談判中存在的「問題」，商量該如何解決。

最後，可以從對方那裡找到問題的「答案」。這個答案必定

具有明確的意願和方向，也就是他們為了解決問題而採取的方法，以及解決問題後獲得的利益。

藉由ＳＣＱＡ分析法，我們可以利用一般交流，深入分析對方的背景、找到衝突的核心，並且提出有力的問題，來尋找最佳解決方案。如果你想成為優秀的談判者，就要多練習麥肯錫的ＳＣＱＡ分析法。

第1章重點整理

- 真正的談判開始於談判之前，做好準備才能萬無一失。
- 基於不實資訊而盲目談判的結果，肯定不會盡如人意，甚至慘敗收場。因此，尊重事實才是談判者強而有力的武器。
- 有原始資料的支援，等於有了談判的主導權。
- 訪談前先寫一份訪談提綱，能節省雙方的時間，並獲得更準確、詳細的資訊。
- 我們可以從資訊的來源、時效性、價值取向，判斷資訊的真偽。
- 挖掘對方需求能幫助我們判斷，準備工作是否充實又有效，而非有所欠缺或過分周到。
- 透過SCQA 分析法挖掘對方需求，可以深入分析對方的背景、找到衝突的核心，並提出有力的問題，來尋找最佳解決方案。

無論是社交還是談判，第一印象都十分重要。若在談判開始的第一步出現重大錯誤，會對整個過程造成嚴重的危害。因此，塑造良好的第一印象可以使對方放鬆戒備，有助於維護我方利益。

第 2 章

談判中的話術？先閒聊再說主題，打造好印象

【方法4】摸清對手個性，以免話不投機半句多

了解對手的談判風格是成為談判高手的關鍵，唯有如此，才能達到理想的結果，甚至事半功倍。**談判前，除了盡可能了解對手，還要知道他們的個人要求，因為每位談判者都有自己的思維方式和談話技巧**，所以談判沒有一套恆定的方法。

俗話說：「知己知彼，百戰百勝。」這時候，因地制宜、因人而異顯得特別重要，看看以下這則故事：

小凱是一位業務員。某天，老闆指派一份談判工作給他。身為主談者的小凱為了在談判前了解對方的情況，便請老闆致電邀請對方的主談者一起喝茶。

在雙方喝茶的過程中，小凱藉由輕鬆的談話方式，旁敲側擊地知道對方公司經營

不善，員工之間的關係緊張。他初步了解後，約好正式談判的時間，便回去做進一步的準備。

基本上，我們不能自己選擇談判對手，也不太可能恰巧熟悉對方。因此，**談判前不妨先與對方的主談者或關鍵人物，進行非正式的輕鬆交流**。透過了解對方的工作經歷、任職時間等，評估他的威望和談判靈活度。通常，任職時間較長的人具有更高的威望和靈活度。

❖ 認識對手後，分析他的談判風格

做事妥當往往會事半功倍。一場成功的談判，首先建立在充分認識對方的基礎上，且制訂的方案符合實際情況。其次，要分析對手的風格和特點，一般來說，**從理性和感性兩方面著手**。這裡的理性是指遇事時表現出來的態度是積極還是消極，是猶豫不決還是果斷幹練，而感性則是指，無論工作還是生活中，對方關注的重點是人的因素，還是事件本身。

❖理性vs.感性的談判者特色

通常，理性的人說話和做事都較為乾淨俐落，他們討厭拖泥帶水，而且善於掌控局勢，喜歡把局勢置於自己可以控制的範圍內，盡量少走冤枉路，避免持久戰。他們能恰如其分地管理眼前的任務，認為與辦事拖拉、毫無主見的人進行談判，純粹是浪費時間。因此，配合理性談判者的節奏和速度顯得特別重要。

相反地，感性大於理性的談判者通常表現得較為浪漫，他們不會刻意追求外表，但非常在意對方的每一個舉動和眼神所蘊藏的含義。感性的人不會過於關注事件本身，因為他們認為事情的結局與感情有莫大的關連。

❖針對性格特點做出備案

唯有先分析出談判對手是感性還是理性的人，才有機會針對其性格特點做出備案。通常，感性占主導地位的人是靠右腦思考，他們關注人的印象和感覺。理性占主導地位的人是靠左腦思考，他們注重每個環節的發展狀況，至於對方是什麼樣的人反而不重要。

在談判中面對這兩類人時，不妨分開應對。對待理性的人，要分析事情的經過，仔細推敲其中每一個可能發生的結果。對待感性的人，要從情感方面著手，和他們講求人性。

一般來說，我們的談判對手不外乎以下三種人：

①**理性大於感性**：他們注重事情發展，傾向於在正式環境下解決問題，不會因為彼此的共同愛好而妥協。與他們談判時，最好從實際面出發，言論則要針對事情本身。

②**感性大於理性**：他們注重情感，可能會因為在交流過程中，發現彼此的共同愛好而與你結交。事情通常會在餐桌上得到解決，同時獲得對方的友誼。

③感性與理性持平：他們既不會死板、冷靜地溝通，也不會天馬行空地胡說，能夠在有效時間內做到事情和人情兩得。

下面我舉一個利用對方感性的特點，成功解決問題並獲得幫助的例子：

某天，小明不小心弄壞從租車行租來的機車，為了順利歸還，他特地請開修車行的小張喝酒，並刻意提起兩人的感情，聲稱小張是自己最好的朋友。就這樣，在幾杯酒下肚後，小明告訴小張機車損壞的事，義薄雲天的小張馬上拍著胸脯說：「這件事交給我處理。」

無論談判對手是誰，你若是風格一成不變，就很容易被對手掌握。他們會藉由分析你的風格，推測出你的思維方式。如果總是固執己見，沿用老招式，很可能會輕易輸給對方。因此，我們必須不斷變更談判策略和風格。

開場時，先聊聊與主題無關的話題

談判前，雙方的關係總是非常陌生，此時的寒暄無疑是促進關係的好方法。寒暄時，一定要發自內心，讓對方感受到你的真誠，但不要太過熱情，甚至沒完沒了。

❖謹慎分析對方的言談舉止

資深談判者不會在一開始就切入正題，而是先關心對方身體狀況，或談論天氣。隨著話題的展開，彼此的距離會逐漸拉近，談話範圍變得更加寬廣。簡單，談判前的寒暄其實是尋找彼此的共同話題。

開場進行的一切活動，無非是為了建立良好的關係，或是了解對方的意圖、態度和特點。這時候，雙方會謹慎地分析對方、採取措施，向對方施加有利於自己的影響，並持續到談判結束。一旦坐下來正式談判，就要仔細觀察對方的言談舉止，以掌握對方資訊。

談判者的表情、姿勢及切入主題的能力，會反映出經驗。如果對方不能應付自如地寒暄，或是直截了當地切入主題，代表他可能是新手，因為高手會細心觀察對方這些微妙之處。

開場白會展現談判風格。有些經驗豐富的談判者一開始會討論與主題無關的話題，甚至向對手施加壓力。對方因為不清楚談判者的目的，大多會為了謀求合作而承接話題。這時，經驗豐富的談判者就能藉此分析對方。

有時，富有經驗的談判者會藉由說話技巧，避開對方的鋒芒，他們往往會逃離非業務性話題，更加關注雙方的利益。

舉例來說，談判過程中的開場白通常是這樣的：

「謝經理您好，歡迎您來到敝公司，很高興見到您！」

「陳經理您好，我也很高興有幸來到貴公司，您最近生意怎麼樣？」
「這次的買賣對我們雙方都很重要。您旅途還好吧？」
「這個問題正是我們這次要討論的，我們先來點咖啡如何？」

這些摸不著頭緒的閒聊，看似與談判毫不相關，但如果對方接受看似輕鬆的聊天，代表談判的綠燈可能已經開始亮起。

在談判的初始階段，過早預測對方的意圖是談判者容易出現的錯誤。我們應該結合已掌握的資訊，在洽談過程中進行深入分析。

【方法5】利用電梯演講，迅速切入主題

電梯演講指的是需要在短時間內完成的談判。在這類談判中，我們唯一的目的是完成談判。為了達到這個目標，哪怕得罪對方也在所不惜，因為機會只有一次。當我們夠堅持且表現得稍微強硬時，也許就能成功。

電梯演講的關鍵在於迅速切入正題，在這種快速談判中，談判策略遠不如直接提出要求還比較有效。同時，我們還需要擁有挑戰權威的勇氣。

大家都知道，直達車一般都不允許中途上下車，但曾有一位乘客爭取到中途下車的機會：

依照規定，司機在發車前，會告訴大家中途一律不停車。但是，小高為了達成自

己的目的，開始向司機交涉：「司機，你可以在前面讓我下車嗎？」

司機搖了搖頭說：「沒辦法，上車的時候已經說好中途不可以下車，你不知道嗎？」

「我知道，可是您看，這麼晚了，我一個單身女子自己搭計程車多可怕。」小高回答。

「話是這麼說，可是公司不允許我們中途讓乘客下車，否則會開罰。」司機無奈地說。

聰明的小高聽到司機口氣些許動搖，馬上轉變方式：「您看這樣好不好，等一下您直接把車開進前面的加油站，我在那裡下車。」

司機沒有多說什麼，看著年齡和女兒差不多的小高，默默地點了頭，將車開進加油站。

想活用電梯演講這項簡潔快速的談判，不妨從以下四個技巧著手：

1 讓對方知道我方有其他選擇

人們最擔心比不過別人，一旦知道自己不如別人時，就會產生競爭心理。在短期的談判中，通常可以藉由一定的手段，讓對方知道你並非只有他這個選項。當對方明白這個問題後，就會想方設法爭取機會。這是一種良性競爭，對方會迫於競爭的壓力，而主動和你談判，甚至願意降低自己的利潤。

劉阿姨在市場上看到一個魚攤的魚不錯，便問：「這條魚怎麼賣？」看見客人的魚攤老闆立刻回答：「要買魚嗎？這條魚兩百元，是今天早上剛從海裡打撈的。」

聽到魚攤老闆自賣自誇，劉阿姨撇了撇嘴：「你家的魚太貴了，隔壁才賣一百元。昨天我的鄰居有來買。」

魚攤老闆馬上應聲：「不可能，他家的魚一定不新鮮。」

「怎麼不可能？我剛才買菜的時候，看到他們才剛送過來。」劉阿姨說。

「這樣吧，既然他能夠賣一百元，我也賣你一百元。不過千萬別跟其他人說。」

魚攤老闆輕聲地說。

就這樣，劉阿姨用極短的時間完成談判，將魚的價格從兩百元砍到一百元。

可見得，**一旦對方知道除了他自己之外，我們還有其他選擇時，我方就掌握整個談判的主導權**。

2 適當給予對方好處

給予對方額外好處，能夠吸引對方的注意力。在談判過程中，將對方感興趣的東西，由大到小依序展示給對方，就能不斷吸引對方的注意，使他樂於跟你談判。這時候，談判成功的機率就會相對提升。

3 擺出專家的姿態

在簡短的談判過程中，擺出專家的姿態，會讓對方誤以為你真的是專家，而對你有所忌憚。一旦對方認為你能夠掌握談判所涉及的相關資訊，你就會獲得更好的條件和資格。在談判的過程中，也要盡量確保對方只能簡單回覆你提出的問題，使他喪失壓低價格的機會與自信。

4 談判結束前，再次爭取利益

由於受到時間壓力，對方往往會在結束前做出讓步，所以我們可以在簽約前稍微努力一下，爭取最後的希望，哪怕只是提出一些小要求，對方也會為了不影響談判、避免破壞協議，而滿足你的要求。這就是我們平常說的——用最後百分之二十的時間來獲得較大的讓步。但一定要注意的是，我們提出的要求必須是小的，一旦被對方認為是威脅，將導致談判破裂。

❖ 使用電梯演講的兩個注意事項

在進行電梯演講之類的短期談判時，需要注意以下兩點：

①做決定前先確認價格：在進行短時間談判時，一般都是先享受、後付款，但要注意在享受前，一定要談好價格的相關事宜。

②不輕易承接對方話題：在簡短的時間內，可以談成的事本來就不多，如果這時承接對方的話題，很可能落入對方設下的陷阱。假如你是提供話題的那方，情況則相反，這時你身為主動方，已經準備好談判內容，可以避開寒暄、直接進入主題，這麼做很容易得到你期望的目標。

總而言之，在電梯演講這類時間短暫的談判中，**我們往往可以拋開策略，直截了當地切入主題、提出要求。但是，面對冗長多變的長時間談判時，使用高姿態或假裝走掉這類招式是行不通的。**也許第一次有效，但當你使用第二次時，很容易被對方識破，因為他們知道你一定會再次回到談判桌上。

與其喋喋不休，不如觀察對方再提出重點

在談判初始階段，藉由耐心傾聽和仔細觀察對方的舉止、神態，並做出積極的回應，有助於摸清對手的底牌，還能展現我方的尊重和禮貌。

❖ 理解傾訴者的心理需求

當我們作為傾聽者時，一定要理解傾訴者的心理，將主要精力放在傾聽上，而不是花費心思尋找應對方案。

為了避免與對手陷入爭論而影響談判，**在對方闡述的過程中，即使我方遇到難以理解的地方，也絕不能輕易打斷對方，而要將其記錄下來，等對方發言完畢後，再及**

時提出疑問，這麼做還能展現自己的修養。最後，我們要理解對方闡述的關鍵問題，避免曲解或誤解，並進行思考、歸納和總結。

若中途我方必須向對手提問，應選擇在他發言的間歇時間提出。這種情況主要出現在對手發言過於冗長、細節過多或偏離主題等，對談判進程造成不利影響時。如此一來便能藉由提問的方式，掌控談判的時間，為自己爭取主導權。

此外，在輪到我方發言之前，可以經由自問自答的形式，向對方闡述我方的觀點，以便最大限度地爭取主導權，避免對方藉機發言、提問，影響我方的闡述。

❖欲速則不達

如果你被委任負責向對方催收曠日持久的欠款，雙方約定在下午三點見面，同時對方四點有一個非常重要的會議。這時，你一定要沉住氣，如果太早向對方表述談判目的，反而會給予對方充足的反駁時間。

同樣的道理，百分之八十的讓步是在最後百分之二十的時間內做出。由於時間的緣故，即使這時提出額外的要求，也很容易被對方接受。但如果在談判一開始的階段，因為心急而逼迫對方，很可能導致談判破裂。

❖自曝短處、坦誠相對

有時，與其喋喋不休、說不到重點上，不如自曝短處，與對方坦誠相見。畢竟自曝其短、開誠布公，遠遠好過被對方識破時的尷尬。在多數人看來，談判中要盡量留下好印象，掩飾自己的缺點。不過，這樣往往會使對方覺得你不自然、虛偽，還不如坦誠自己的弱點，反而能獲得對方的尊重，還可以打造誠實的形象。

我們不妨這樣剖析自身的缺點：「我們的產品外觀雖然很普通，但品質絕對是一流的。如果有必要，不妨考慮重新設計、包裝，這樣也許會熱銷。」當你如此坦誠地透露缺點，與對方交流，反而會因為你的誠實，獲得很好的結果。

溫暖的微笑能化解矛盾，是談判的必殺技

宛如陽光般溫暖的微笑，是促進談判成功的必殺技。雖然我們難以改變容貌，卻可以透過微笑來裝點自己。微笑能向對方表達尊重、寬容和理解，同時讓自己更有風度。若能成功運用微笑，可以有效縮短彼此的距離，化解雙方的矛盾，為我方開啟一扇通往成功的大門。

某天我在醫院看病時，大家都坐在椅子上靜靜等候。突然，前面的男性站起來，一副很生氣又著急的樣子，對負責接待的護士說：「你們到底是怎樣？昨天李醫師說讓我今天九點過來。現在都快十點了，能不能不要浪費我的時間？」

我以為護士會跟這位氣勢洶洶的病人爭吵，甚至大動干戈。沒想到，護士居然微笑對他說：「對不起，讓您久等了。可是您也看到了，今天的病人實在很多。麻煩您

稍等片刻，我馬上過去看看情況，也催促李醫師。請您稍候。」語畢，那位護士便轉身走進診斷室。

過了一會兒，只見那位護士走出來，再次微笑對那位男性說：「您好，現在輪到您了，請跟我來吧！」看著護士的笑臉，他感到非常不好意思，不斷向護士道歉。護士依然微笑著回答：「沒關係，我們理解您的心情。」因為護士的微笑，化解了原本一觸即發的氣氛。

一個看似簡單的微笑，可以緩解他人的怒氣和顧忌。法國作家雨果曾說：「微笑是消除人們臉上冬色的陽光。」發自內心的微笑能趕走人們心中的陰霾，使人們變得更加友善。談判時，我們可以自然地微笑，但絕不能假笑或皮笑肉不笑，以免弄巧成拙。

無論是端坐、站立，還是行走，恰如其分的微笑都能彰顯我們的風度。曾有一位成功人士在半公開的場合裡自嘲：「沒有好的長相，可以培養自己的才氣，若沒有才氣，就應該試著微笑。」所以，在談判的過程中，我們要盡量保持微笑。

【方法6】扮黑白臉打團體戰，削弱對手氣勢

大多數的談判團隊是由三人或以上的成員共同組成。隨著社會的發展，各式各樣的新技術逐漸成為談判的主要內容，這時便需要相關的專家來解決談判中可能遇到的各種問題。

❖運用「黑白臉」削弱對手精神

「眾人拾柴火焰高」，懂得合作的團隊，是最強有力的組合。在團隊中，通力合作的「黑白臉」就是軟硬兼施的策略之一。

當談判的一方展開人多勢眾的優勢時，很可能使用黑白臉策略，向對方進行軟硬

兼施。使用這個策略的談判者，會安排一部分成員扮演強硬派，激烈地抨擊對手，指責對手的不是，並表現出強烈的不滿，逼迫對手修改協議或做出讓步，甚至為此導致談判破裂。這時扮演溫和派的成員，則會委婉地表示理解對手，並批評我方人員的態度，在緩和氣氛的同時，讓對手做出讓步。**他們最終的目的無非就是讓你疲於應付，導致最後做出不利的決策**。

當談判人數眾多的一方利用人多的優勢，擺出各式各樣的面孔進行談判時，人數較少的一方，要及時看穿他們的陰謀，並保持鎮定。試想，一件原本兩個人就能解決的問題，對方為何非得安排十幾個人參與。

在這種情況下，我們無法預料各種突發狀況，所以**保持冷靜是首要任務**。雖然對方的參與者眾多，但他們的對手只有你一個。當他們失去對手時，談判便會失去意義。

❖試著拖延時間，爭取喘息的空間

當談判陷入爭論不休而你難以應對時，不妨採用拖延時間的方法，例如：要求增加休息時間。這樣既可以避開對方的攻勢，為自己爭取喘息的空間，還可以藉機進行必要溝通，為接下來的談判做好準備。

其實，團隊作戰有利有弊，關鍵在於掌握軟硬兼施的策略，請看以下案例：

兩年前，新新文具店身為唯一經銷商，與螢光筆生產公司簽訂為期六年的銷售壟斷協議。不久前，新新文具店的銷售額大幅下降。他們經由市場調查，發現悅悅文具店也在銷售同款螢光筆，而且是同一家廠商的產品。生產商顯然違背了雙方簽訂的協議。為此，新新文具派遣老王與小雲去螢光筆生產公司交涉。

在談判過程中，老王義正詞嚴地指出對方違反合約，而且沒有通知新新文具，使他們蒙受巨大損失。但是廠商堅持自己有向新新文具溝通，並獲得批准。面對狡辯的廠商，老王勃然大怒，說：「既然你們這麼沒有誠意，我們等著打官司吧。」

對方顯然被老王的氣勢嚇到了，談判隨之陷入僵局。這時小雲出面，對老王說：「你不要太衝動，我們是來解決問題的。不如你先冷靜一下，這裡交給我。相信大家都不想把事情弄糟。」就這樣，老王暫時離開會場。小雲轉身面向對方的主談者，心平氣和地說：「我的同事有點著急，很不好意思。但我們必須承認，他說的沒有錯。雖然可以藉由法律手段來追究貴公司的責任，但我們覺得對簿公堂是浪費大家的時間。雙方既然來到這裡，就是抱著萬分的誠意來解決問題。希望你們也拿出解決問題的誠意來。」

鑑於新新文具的態度，雙方很快地簽署了賠償協議，新新文具也如願得到賠償金。

總之，**軟硬兼施一般是由一人扮演黑臉，強硬地堅持我方觀點**，甚至為此得罪對方也在所不惜，通常是由他控制談判不脫離原始目標。**另一個人則秉持友善的態度，扮演白臉，盡量迎合對方的思路，但會時時提醒對方「大家的目的是合作」**，同時還要充當和事佬，負責緩解談判中的緊張氣氛，使對方放鬆警惕。

第2章重點整理

- 談判前，要盡量了解對手及他們的個人要求，因為每位談判者都有自己的思維方式和談話技巧。
- 一旦對手知道除了他自己之外，我們還有其他選擇時，我們就掌握整個談判的主導權。
- 在進行電梯演講這類的短期談判時，需要注意「做決定前先確認價格」，以及「不輕易承接對方話題」。
- 在對方闡述的過程中，即使我方遇到難以理解的地方，也絕不能輕易打斷對方，而要將其記錄下來，等對方發言完畢後，再及時提出疑問。
- 自曝其短、開誠布公，遠遠好過被對方識破時的尷尬。這麼做既能獲得對方的尊重，還可以打造誠實的形象。
- 談判人數眾多的一方利用人多的優勢，擺出各種面孔進行談判時，人數較少的一方要及時看穿他們的陰謀，並保持鎮定。

在談判過程中，面對不同的談判對象與目的時，該說的千萬不能漏掉，而不該說的一旦說出口，便會出現禍從口出的情況。

本章教你利用麥肯錫的經驗和理念，成為談判中具有影響力的人。

第 3 章

談判後期的引導？讓對手頻頻說YES的技巧

如何灌輸我方意圖？3方法打動並說服對方

思路就像一條明顯的跑道，引領我們走向成功。談判時，我們必須根據談判目的，選用不同的思路向對手灌輸我方的想法，因此我們要留意說話的目的與對象。

❖說話前，要明確表達目的

作為談判的基本條件，想要把話說得清晰易懂，就要注意說話的目的。

在交涉過程中，我們無非是想說明一件事，進而感動或說服他人，使對方做出有利於我方的行動。這時，我方目的基本上包含說服、反駁、壓制、安撫對方，還有徵求他們的意見或建議，以及要求做出讓步。

因此，談判前必須明確我方的談判目的，以便在交涉過程中，做出針對性談話，才有機會打動對方，實現目標。

❖說話時，要了解你的表達對象

當對方團隊擁有多名成員時，我方發言必須指明對象，才能避免出錯，導致對方無動於衷。

曾有一位美國國會議員，向聽眾報告美國的備戰情況。此時，他報告的目的是向聽眾闡明整個備戰情況，但廣大的聽眾只想聽有趣的話題。

一開始，聽眾只是默默忍受，內心深處希望這位議員趕快說完，但他沒有意識到聽眾已忍無可忍。接著，開始有人惡意鼓掌、叫囂。不過，這位議員明顯沒有搞清楚狀況，依然按照自己的思路進行，最終激怒廣大的聽眾，他們的怒吼聲此起彼落，於是這位議員羞愧地走下演講台。

這位議員顯然因為忽略演講對象的特點，使演講失去針對性而導致失敗。從這個例子不難看出，針對不同的對象，必須選用不同的表達方式。

❖ 先默念想說的話，可增加說服力

想讓人們理解一個全新的觀點，需要一定的時間，所以說話者應該清楚地表達給對方。**我們可以先在心中默念一遍想說的話，看看是否需要修潤，這麼做有助於理解自己要傳達的內容，也有助於對方明白你的想法。**

舉例來說，「許多行業的薪水很驚人。」這種模糊無力的句子毫無說服力，很難在對方心中留下印象，更不用說引起共鳴。如果我們能適當舉出實例，會更具說服力，例如：「許多律師、運動員、作曲家、歌手及演員，有著比美國總統更豐厚的收入。」

總而言之，在談判過程中，使自己的語言富有邏輯、生動且具體很重要。當我們無法用自己的語言來說服自己時，便難以說服對方。

【方法7】活用多媒體工具，圖文並茂更有感染力

當我們無法單憑言語來說服對方時，不妨借助圖文的力量，使我方的表達更具感染和衝擊力。這裡的圖文是指，多媒體應用的「圖」和各種修辭方法的「文」。懂得善用這兩項技巧，說出口的話就會變得栩栩如生，更容易被對方接納。

❖借助多媒體工具，成為說話高手

多媒體工具作為表達方式的使用率很高，它突破傳統的單一展示模式，以圖形、影像、動畫等靜態與動態的形式，將原本抽象的概念，用動畫進行模擬，增加資料的可信度及說服力，譬如大家都知道的PPT（PowerPoint）。

在談判過程中，經過構思的多媒體資料，更能展示我方的談判意圖，使得雙方的交流更加便捷、明瞭。

麥肯錫在談判中採用的多媒體展示，有以下兩個特點：

①可以集中對方的注意力。

②讓對方順著我方思路去思考，使我方居於主導地位。

需要注意的是，如果多媒體內容構思不夠細心或設計不良，不但無法論證我方說明的內容，還會擾亂對方的思緒，出現南轅北轍的現象。

❖利用比喻的方式表達更生動

當對手無法明白你闡述的事情時，不妨運用更具體的方法讓他們理解，比方說，對於聆聽者未知的事情，我們可以採用他們熟知的事物來形容。

舉例來說，牧師在為非洲的居民翻譯《聖經》時，如果直接按照原文翻譯，會是如此：「你們深紅的罪惡，其實可以像雪一樣潔白。」長期生活在熱帶地區的人們完全無法理解這句話，因為他們根本沒見過雪，不知道那是什麼東西。他們最常見的白色物體是椰子肉，於是聰明的牧師在翻譯這句話時，巧妙地翻譯為：「你們深紅的罪惡，其實可以像椰子肉一樣潔白。」非洲人聽到這裡，都明白這句話的意思了。

耶穌也會採用比喻的方式說明事實。在描述天國時，耶穌曾告訴商人：「天國是你們追尋的好珠子。」耶穌藉由比喻天國的形象，讓經常從事珠寶貿易的商人，對天國有了認識。

大衛向人們描述耶和華謹慎與博愛的精神時，向草原上的牧人說：「對我來說，耶和華是一位牧羊人，透過他，我可以躺臥在青草地上、安歇在水邊，更可以在荒涼的沙漠中尋找青青綠草和淨水。」這一切恰恰是牧人們熟知的東西。

當你向對方描述金字塔時，不妨先用他們熟知的日常建築來描述，使他們有一個概念，再告訴他們確切的高度。**因為用枯燥的數字形容事物，遠不如用具體的比喻來得生動**。而且，用比喻的方式，有時反而比使用精準數字更清楚。不過，面對外行人時，要盡量避免使用專有名詞，若必須使用，就要加以解釋。許多談判專家就是因為疏忽這方面，而遭遇滑鐵盧。所以**我們向自己的談判對手進行描述時，不妨拋開專有名詞，使用比喻的方法，讓我們的訴求變得更清晰。**

建議談判新手在練習這個方法時，選擇知識最淺薄的人為對象，因為面對他們，你必須使用清晰、簡單的字句來解釋，才能使他們感興趣。所以，為了使對方明白我們想表達的意思，最好善加利用多媒體，並藉由不同的修辭來滿足聽眾，使自己的描述變得更直白、生動，這麼做有助於提高談判對象的興趣，達到溝通的目的。

小心！手中必須留下最後一張底牌

談判就像遊戲，有一套既有的規則。說謊是違反談判規則的做法，而全盤托出我方的所有底牌則是談判中的禁忌。

❖ 太過誠實未必是好事

無論在什麼場合，試圖用欺騙的手段來謀取利益都是不可取的，有時甚至會害到自己。舉例來說，當你在一家文具店裡，打算購買一支價值兩百元的鋼筆，如果你為了讓對方便宜賣你，刻意欺騙店員說隔壁只賣一百元。如果這並非事實，最好不要貿然說出口，因為當謊言被拆穿後，自己往後的說法便會喪失說服力，導致雙方交易失敗，或迫使自己做出讓步。

雖然談判的過程中不能使用欺詐的手段，但這不代表要向對手坦誠所有事實，因為一旦對方了解你的所有底牌，談判就會失去意義，使你處於弱勢。曾有以下這樣一個例子：

某天下午，湯先生家中老舊的洗碗機漏水，造成廚房淹水，夫婦兩人決定傍晚去商場選購一台新的洗碗機，但不放心孩子獨自在家，於是帶著孩子前往當地一家大型電器商場。當他們抵達時，距離打烊只剩不到一個小時。

湯先生一家人走到櫃位時，湯太太迫不及待地告訴店員：「我們想買一台新的洗碗機，因為家裡的壞了，你能推薦一款經濟實惠的嗎？」

「好的，您看這款怎麼樣？這是我們銷售最好的一款。」店員熱心地介紹。

「啊，居然要三萬元，能不能便宜一點呢？」湯先生問。

「不好意思，這款現在正在促銷，不能再便宜了。」店員堅持。

就這樣，湯先生只好用三萬元的價格購買那台洗碗機。

其實，我們仔細思考後會發現，湯夫婦在整個交涉過程中，犯了三個錯誤：

①在第一時間向店員透露洗碗機已破損的資訊。

②帶著孩子一起去商場選購。

③在接近打烊的時間去商場。

接著，我將解說為何不該犯以上三點錯誤。第一，若告知店員家中的洗碗機損壞，代表購買洗碗機是必然。第二，帶著孩子去採購，表示這是生活必需品。第三，在臨近打烊的時間去採購，預留的選擇時間過短，別說去其他商場採購，就連同一個櫃位都未必能逛完。

這三點導致湯先生必須在最短的時間內採購完畢，使店員有了堅持不打折的理由。如果湯先生選擇在上午前去購買，相信情況會有所改變。

由此可見，在談判過程中，手中必須留有一張底牌，因為一旦揭開所有底牌，就會失去討價還價的餘地，而不得不被對方牽著走，使我方喪失主導權。為了避免陷於這種局面，我們沒必要向對方傳達所有事實，尤其是關於危機和困境方面的內容。**切記，有所保留不等於欺騙，這只是一種明智的自我保護。**

【方法8】碰到討價還價，用專家的7技巧回絕

整個談判過程中，充滿了讓步和拒絕，若沒有這兩個元素，就不能稱為談判。需要明確的是，讓步其實是拒絕的另一種表達方式。不過，讓步在一定的條件和限度下才會提出，畢竟沒有人願意無條件損失自己的利益。

❖拒絕不代表談判破裂

讓步的目的在於解決危機，做出讓步既是承認對方的某個要求，更是拒絕其他要求。舉例來說，在討價還價的過程中，甲方提出一百元的報價，乙方只給出六十元的報價。如果甲方將價格降到九十元，即做出十元讓步的同時，等於拒絕乙方的報價。

同樣地，乙方將價格加到七十元的做法，也是在拒絕甲方提出的報價。從這裡可以看出，讓步的過程本身隱含著拒絕對方的態度。

不過，談判過程中的**拒絕不代表談判徹底破裂，而是否定對方進一步的要求，同時承諾我方先前的報價或讓步**。

再以剛才的例子為例。當價格持續爭論下去，到第二輪的討價還價時，甲方將價格降到八十五元，乙方也將價格提高至七十五元。到了第三輪時，甲方進行第三次讓步，將價格定為八十二元，乙方同時提高到七十八元，但在此時，雙方都不想再做出讓步。其實，甲方提出的八十二元，代表在拒絕乙方的同時，承諾此價格上的交易。同樣地，乙方也具有相同的含義。

為了破除談判即將面臨的僵局，雙方決定暫時擱置價格的議題。接著，乙方提出：「若甲方能提前十天交貨，我方可以再提高一元。」雖然甲方同意乙方的條件，卻認為如果要提前十天交貨，需要將價格提高至八十元，他們才能接受。就這樣，雙方最後藉由一再拒絕與讓步，終於達成意見一致，握手成交。

❖ 談判中常見的七種拒絕方法

從上述的例子不難看出，拒絕既是一門技巧，更是一門藝術。**談判中的拒絕並非鎖緊所有通往成交的大門，而是為了維護我方利益**。在商務談判中，最常見的拒絕方法主要有以下七種：

1 異地補償法

異地補償法是指**拒絕對方的同時，承諾在其他地方進行補償**。這裡的補償，大多不是以貨物、金錢等實物的形式出現，而是承諾某種特定的情況，例如：提供可靠的消息，或是提出售後服務或損壞賠償等。這種形式的拒絕，可以讓我們在拒絕對方的同時，不至於影響彼此的合作關係。

曾有一段時間，市場上的鋼材供不應求。某專門批量鋼材的公司因此生意大好。某天，王經理的朋友小葉，因為急需三噸鋼筋而找上門，考量到自己和王經理的關係，小葉希望能以低於市場批發價的百分之十購買。

這種想法顯然不切實際，但王經理顧及彼此的友誼，沒辦法果斷拒絕，於是想出一個辦法，他向小葉說：「我們這種大型公司都按千噸來計量，不能只賣三噸，但我們是老朋友，不能讓你白跑一趟。我稍後給你寫封介紹信，你拿著它去找小白，那裡是專門經營小規模鋼材的公司，我讓他給你最優惠的價格。」

就這樣，小葉高興地拿著王經理的信，在小白那裡以低於市場的價格，買到自己需要的鋼筋。王經理和小葉的友誼也沒有因為這次的拒絕而減損。

談判過程中果斷拒絕對方可能會導致談判破裂，所以我們**不妨在力所能及的範圍內，給予對方一定程度上的補償，以緩解對方不滿的情緒。**

2 理由說服法

當對手報出的價格較高時，如果我方能提出充分的理由予以拒絕，對方肯定會張口結舌。

A公司曾與國外某企業，商談超高壓變電設備的進口事宜。在這場談判中，想做到貨比三家顯然不太可能，這對A公司而言明顯不利。A公司的技術主管王總，為此查閱大量資料，包括與其他國家的交易價格、生產成本、進口價格，以及歷年的物價浮動及匯率變化等等。

歷經幾個月的準備之後，王總帶著豐富的資料，滿懷信心地踏上飛機，奔赴談判現場。

在討價還價的過程中，對方的主談者拋出一個很高的價格，這令王總無法接受。王總直截了當地告訴對方：「價格太高了！至少要減去一半才能彰顯你們的誠意。」對方聽到王總這一番話，問：「你在開玩笑吧！這是我們核算多次的價格。」這時，王總不疾不徐地告訴對方：「根據我的調查，你們前段時間也在澳洲銷售同類設備，那時的成交價沒有這次報價的一半……」

就這樣，靠著王總充分的理由，最終以合理的價格簽下合約，而對方的降價幅度竟然高達五百萬元。

從這場談判中不難看出，**為了拒絕對方刻意提高的價格，我們必須提出讓對方心服口服的理由**。王總正是藉由談判前的準備工作，搜集和整理大量的資料，最終才能達成這場成功的談判。

3 推託轉移法

無論是在談判，還是在企業中，我們都不可避免遇到一些不合理的要求。對方也許具有很大的來頭，也許曾有恩於我們，也許是之前要好的朋友，或是密切往來的親戚。這時如果草率地拒絕對方，可能會遭到報復，或被冠上忘恩負義的惡名。因此，我們可以**找一個看似十分合理的藉口來推託，讓對方自動打消念頭**。

曾有一家合資企業的產品銷路非常好，那段時間，某企業的高層前往該企業銷售部門，要求以低於市場的批發價批購。由於時近中午，銷售經理便將他請到餐廳，說：「由於物資數量龐大、價格過低，不在我能應允的範圍內。我先請您吃飯，再馬上找上級批示。」

午飯後，銷售經理又告訴他：「您要求的數量，依照公司規定，應該由總經理審批。但是我們總經理上午去外地開會。不如您先回去，過兩天我們電話聯繫，如何？」那位高層眼看這種情況，又發不了火，只好空手而回。

兩天後，高層致電詢問事情下落。銷售經理對他說：「我已經向總經理請示了，他認為這個數量應交由董事會決定。」同時，他還安慰高層：「總經理答應會盡最大努力，向國外的董事會爭取，但結果要在兩週後才能出來。」高層聽到如此繁雜的程序，認為事情已超出自己的掌控，同時也知道不可能會通過，便不再聯繫。

就這樣，聰明的銷售經理透過各種藉口推託，將對方的注意力從自己身上轉移，然後又轉到董事會上，使對方的怨氣毫無發洩之處，最後不了了之。

4 條件滿足法

當直接拒絕對方會導致彼此關係惡化時，不妨先要求對方滿足你的條件。換句話說，**在對方滿足你提出的條件下，你再滿足對方的要求**。一般來說，當對方無法滿足你的條件時，他也不好意思要求你滿足他。這個方法經常被國外的銀行信貸人員，用來拒絕不符合條件的對象。

其實，條件拒絕法是一種保有餘地的拒絕。信貸人員如果當著借貸人的面，說對方「信譽不可靠」或「沒有還款能力」，有違自己的職業道德，甚至會阻礙自己的財路。所以，信貸人員在拒絕不合格的貸款要求時，通常會對借貸人施以條件拒絕法，在拒絕對方的同時，讓他們沒有理由發火。

5 提問提醒法

在談判過程中，我們面臨對方過分的要求時，可以藉由提出問題，使對方知道我們不是可以隨意任人擺佈的，無論對方是否真的會回答這些問題，都能使他們了解，自己提出的要求已超出我方的預算。

某次，在引進日本農業加工機械的貿易談判中，日方主談者提出高得離譜的報價。面對這種情況，中方談判者向日方提出以下三個問題：

①日本國內一共有幾家公司在生產這項農業加工機械？

②本次報價明顯高於日本和全球同類產品的依據是什麼？

③全球類似產品的生產廠商一共有多少？

面對這些不便回答或沒辦法回答的問題，日方的主談者感到非常訝異，他們意識到自己的報價高得不合常理。於是在接下來的談判中，想方設法地找出各種臺階，將設備報價大幅度地調降。

在談判過程中，**提問拒絕法可以用來對付一心只顧眼前利益，而將對方的利益作為踏板，或要求過於離譜的對手。**

6 幽默回絕法

當我們遇到不方便正面拒絕，或對方堅持不肯讓步時，不妨先全盤接受，再以對方的要求為依據，提出讓人覺得荒謬、不現實的結論，從而否定對方的條件。這種產生幽默效果的拒絕方法，稱之為幽默拒絕法。

歷史上，蘇聯進口挪威鯡魚的談判，持續相當長的一段時間。當時，熟諳貿易談判竅門的挪威人，將自己的談判價格開得很高。蘇聯的主談者開始與挪威人展開艱苦的討價還價。結果，談判一輪又一輪進行，主談者一批接著一批更換，由於挪威人的堅持，雙方一直沒有達成共識。

面對這個難題，蘇聯政府派出柯倫泰與挪威人談判。面對挪威人的高價，柯倫泰想出一個很低的價格，於是談判陷入僵局。因為買方市場的緣故，挪威人不擔心陷入僵局。柯倫泰則不然，她的目標只有一個，就是成功完成談判，因為她既不想讓步也不想拖延。面對堅持到底的挪威人，柯倫泰運用幽默拒絕法，告訴挪威人：「我同意你們提出的價格，但如果我無法說服政府，將用個人工資來支付差額。不過，我希望你們的主談者能允許我分期付款。」

面對幽默風趣的柯倫泰，挪威人笑了，於是在雙方的笑聲中，鯡魚的成交價格被定在公平合理的價位。在這次談判中，柯倫泰運用幽默拒絕法，完成了艱難的談判工作。當我們**面對談判對手的不合理要求時，不妨採用輕鬆、詼諧的話語來委婉拒絕**，以免讓對方產生不愉快的情緒。

7 移花接木法

當對手提出的要求過高時，不妨採用移花接木的方式，設定雙方都無法跨越的障礙，以此表達拒絕，同時又能取得對方的諒解。我們可以向對方說：「你們給出的價格，我們實在無法接受。除非我們在合約裡註明，貴公司接受我方使用劣質的材料來降低成本。」面對這樣的條件，對方顯然無法接受。

另外，我們還可以利用法律、制度、行業慣例等不可踰越的限制，來拒絕對方。

我們可以說：「如果你們能出面說服法院和相關單位，我們絕無異議。」

在談判過程中，使用上述七種拒絕方法還要注意以下兩點：

①**不武斷拒絕：**拒絕是一種手段而非目的。談判的最終目的是為了獲利，拒絕則是避免損失。也就是說，拒絕是為了成功。在激烈的對抗中，許多談判者卻深受個人情感支配，為了面子寧可拒絕對方，也不願妥協。

②**不故作逞強：**當談判對手是老朋友、熟人或老客戶時，我們往往會為了照顧對方，不好意思直接拒絕。結果，在原本該拒絕的地方盲目應承，導致最後失信，如此一來，既丟了面子，還丟了裡子。

在商務談判過程中，難免會遇到討價還價的情況。當雙方所持觀點差距較大時，要懂得拒絕對方。然而，拒絕時要做到審時度勢、隨機應變、有憑有據、有禮節，使對方在被拒絕的同時，還能保有面子。

【方法9】適當啟動期限或拖延策略，迫使對方讓步

談判過程中，如果直接告訴對方：「你們的條件不能令我滿意」，可能會迫使對方重新核算並做出調整。當然，對方也可能小心翼翼地回應：「那我們該怎麼做？」

談判絕非只有接受和拒絕，其中還充滿了智慧與謀略，就像一場戰役，想要取勝，必須運用戰術。如果希望盡快實現目的，不妨根據情況，使用期限策略和拖延策略來操縱時間，使我們獲得更多調整利潤的空間。

❖ 我方占有優勢時，使用期限策略

有舞台經驗的人都知道，平日看到一件喜歡的衣服，可能會因為昂貴而捨不得

買，但如果上台前還沒找到更合適的服裝，就可能咬著牙將它買下，這就是受迫於時間的典型例子。

一般情況下，在機場和車站附近的物品都相對較貴，但礙於時間緊急、不買不行的緣故，只能放棄挑剔價格而直接購買。在現實生活中，商場裡的限時搶購、限時促銷等，便是對顧客施加時間壓力，讓他覺得錯過就沒機會了。

在商務談判中，我們也可以利用時間壓力，迫使對方做出讓步。在漫長的談判中，起初雙方會堅持自己的觀點，針鋒相對、毫不動搖，以至於談判者身心疲憊，到最後受限於時間，雙方會不約而同加快節奏，甚至對前面一直談不攏的問題做出讓步，這種情況在談判初期幾乎不會出現。

當採用期限策略時，**不妨在一開始，就對無關大局的議題展開討論，然後在即將結束時，突然拋出對方不願意接受的敏感話題，迫使對方在時間壓力下打破原則。**

俗話說：「害人之心不可有，防人之心不可無。」雖然這種做法有時會被認為不道德，但我們無法保證對方不會使用。因此，為了避免發生類似的情況，我們可以先制訂談判議程，列出所有可能涉及的議題，並按照重要程度排序。

運用期限策略進行談判時，必須注意以下五點：

①如果不滿意對方的提議或條件時，可以保持沉默，不再說話。

②對方用相同的方式對我方施壓時，不妨用「你覺得如何？」來反駁，迫使對方再次表態。

③過程中將注意力放在價格上，千萬不要受困於營業額或百分比。

④為了避免被對方施壓，我方盡量不要透露結束時間，因為對方很可能利用這一點，將主要問題擱置到最後，迫使你讓步。

⑤別在談判時間上付諸所有精力。

根據上述第五點，以下提供一個案例供大家參考：

萬隆商行是一家專賣萬聖節禮物的企業，產品遍布各大商場。興隆集團則是一家有名的商場，有優秀的地理位置和絕佳的銷售額。

歷年的萬聖節，雙方都有愉快的合作經歷，銷售目標也經常超過預期。但今年，興隆集團要求提高萬隆商行的費用，導致萬隆商行極度不滿，於是雙方對此進行談判，遺憾的是，雙方意見並未達成一致，也沒有提出第二次會談的日期。

在第一次談判結束後，雙方不約而同地採取期限策略。萬隆商行認為，自己是萬聖節期間的領導品牌，如果在整個節日期間，興隆集團沒有銷售自家產品，會有重大損失，所以採用時間壓力策略，期待興隆集團讓步。

興隆集團則認為，自己擁有為數眾多的固定客群，而且還與其他供應商合作，即使萬聖節期間不賣萬隆商行的產品，也不會遭受嚴重影響，所以同樣施加時間壓力，期待萬隆商行在最後時刻做出讓步。

在這次較量中，興隆集團占有優勢，可以藉由引進其他廠商，抵消萬隆商行造成的損失，並不會流失顧客。

然而，萬隆商行主打萬聖節產品，在萬聖節期間的銷售額是獲利關鍵，這時缺少一家通路等於減少一份獲利。萬聖節產品的銷售高峰出現在節日之前，對萬隆商行來說，使用期限策略是錯誤的。隨著萬聖節將近，公司籌碼會急劇萎縮，等到節日過後，籌碼就會變得一錢不值……

從這個例子，我們可以看出期限策略會受到雙方優劣勢的影響，並非放之四海而皆準。當我方擁有絕對優勢時，可以優先使用。當我方處於劣勢時，則應考慮其他方法，而不是一味採用期限策略。

回到前文的第五點，在談判過程中，我們必須預期談判時間，因為談判不可能毫無止境地進行下去。**真正的高手會在談判本身投入全部精力，而不是在談判時間上，**因為他們會將時間壓力扔給對手。

❖無法說服對手時，試試拖延策略

拖延策略主要是針對忙碌和懶惰的人，因為這麼做往往會取得成功。即使對方沒有反應，採取策略的人也能稱之為成功，因為對方當下沒有提出異議。

進行長期談判時，要隨時做總結和摘要，給對方「我們正努力爭取雙贏」的好印象，這麼做有利於談判進行，並獲得良好的結果。俗話：「欲速則不達。」當我們不能在第一時間說服對方時，不妨採取冷靜的態度，實行拖延策略這種方法。

一般情況下，拖延策略是對我方有利的方法。舉例來說，某公司給對方百分之二的折扣時，會提醒對方：「大部分的供應商都會延期十個工作日付款，所以我們希望你們也執行這種標準。」有些賣方也會採用這個策略，對付自己的買方：「由於你們之前沒有給予答覆，若本週內仍無法得到回應，我們將默認你們要求的是最高檔的貨物。」

總之，藉由期限或拖延策略來操縱或擠壓對手的時間，**關鍵在於不要優先開價，讓對方無法了解你的底牌，於是他們只能自己盤算**。

❖ 其他策略

談判時，經常使用的策略還有以下四種：

①**邊緣策略：**在過程中，以談判破裂為手段向對方施壓，迫使對方讓步。邊緣策略多用於表明最後立場，常作為結局的標誌。在邊緣策略的影響下，談判可能走向極端，例如：達成協議或瀕臨破裂。

②**折衷進退策略：**為了達成協議，選擇雙方立場的中間條件，來彰顯我方的公道和誠意，同時獲得對方讓步。折衷進退策略的特徵為對半讓步，即雙方共同承擔最終的差額和分歧，以此達成協議。

③**一攬子交易策略：**在談判即將結束時，交換雙方各自堅持的條件，以達成協議。一攬子交易策略具有決戰性意味，多用於成套專案交易的談判。

④**冷凍策略：**這是暫時中止談判的做法，多用於雙方條件差異較大、但因為需求而不願意破裂的場合，或是一方有意成交、但出現變故的場合。談判中期採取冷凍策略，大多是為了壓制對手氣勢或實施陰謀。

在麥肯錫顧問參與的談判中，藉由期限或拖延策略取得成功的例子不勝枚舉。我們一定要學會處理談判中的時間壓力，並活用各種策略，因為談判桌上的讓步幾乎都集中在最後百分之二十的時間內。**許多看似不可思議的讓步都可能出現在最終階段，所以為了避免功虧一簣，後期更應該保持警覺，絕對不能因為時間壓力，而失去應有的理智和謹慎。**

我方策略出錯怎麼辦？這時你需要……

每個人都會犯錯，即使是經驗豐富的高手也不能保證百戰百勝。人們可能會受感情的影響，導致談判失敗或停滯不前，因此要時刻提醒自己做出冷靜的判斷，盡量減少犯錯的機會。如果不能做到這一點，可能會迫使自己做出不必要的讓步，甚至輸掉整場談判。

❖趁早發現錯誤並積極更正

根據相關資料統計，如果能在火災發生後及時發現，即使有傷亡，也能降到最低。同樣地，越早發現犯罪證據，案件偵破的可能性也會越高。其實在談判過程中，及早發現自己的錯誤，並做出修改時，距離成功也就更近了。

舉例來說，你誤會對方的債務已達到三百萬元，但事實上僅為兩百萬元。如果對方發現你舉出的數字不正確，甚至誇大其辭時，將影響你的信譽，而且越晚被發現越不利，因為對方會懷疑你先前列舉的每一份資料。

因此，**我們必須始終保持高度警覺，勇於面對自己的錯誤，在表達歉意後，最好可以及時提出正確觀點**。如此一來，才不會使信譽受損，而且會留下「迅速發現錯誤、勇於承認」的好形象，更容易獲得對方的信任和賞識，並提高自己的判斷能力。

❖ 毫無聲息調整策略

談判策略是適用於某種條件和範圍之內的有效武器。在談判過程中，策略運用失當在所難免，若只是稍有偏差，先發現問題的應該是我們自己而非對手。當我們被對方發現問題而失去信任，會影響整場談判的靈活度。

這時候，**以巧妙且圓滑的手段調整策略，有助於奪回談判的主導權**。如果我們多留意對方的反應時，不難從中發現自己「策略使用不當」，因為當我們策略失誤時，對方很可能會出現意料之外的反應，我們就該警惕了。

當我們發現自己的錯誤時，要及時採用應變方案，避免錯誤進一步擴大，變得不可收拾。如果我們要在談判過程中調整策略，一定要毫無聲息，盡量在對方沒有察覺的前提下，不動聲色地進行。當然，請求對方暫時中止談判，以便擬訂新的談判策略，也可以作為調整策略的藉口。

第3章重點整理

- 想把話說得清晰明白，就要注意說話目的，再根據目的提出針對性談話，才有機會打動對方。
- 我們可以先在心中默念自己想說的話，看看是否需要修潤，將有助於理解自己要傳達的內容，也可以讓對方明白你的想法。
- 向談判對手描述時，不妨拋開專有名詞，用比喻的方法，使訴求變得更清晰。
- 雖然談判不能使用欺詐的手段，但不代表要向對手坦誠所有事實。
- 拒絕不代表談判破裂，而是否定對方進一步的要求，同時承諾我方先前的讓步。
- 運用期限策略時，不妨一開始就討論無關大局的議題，然後在即將結束時，拋出對方不願意接受的敏感話題，迫使對方在時間壓力下打破原則。
- 我們不小心犯錯時，必須保持警覺，勇於面對錯誤，在表達歉意後，及時提出正確的觀點。

麥肯錫認為，妥協不一定代表失敗，有時可能是最好的結果。在麥肯錫參與的多個談判中，妥協常被視為談判策略。當談判過程中出現僵局時，做出一定程度的妥協，可使談判得以繼續。

第 4 章

陷入僵局？專家教你擱置、讓利、退出的手段

【方法10】暫時擱置爭議，另闢出路突破僵局

談判過程中出現僵局在所難免，但僵局與死路有很大的不同。在談判過程中，提前準備或及時尋找退路，比沒有出路更能解除危機。

❖新手經常將僵局誤解成死路

僵局是指雙方在談判過程的某個具體問題出現分歧，導致進展受到影響的情況。死路則是指雙方在過程中喪失興趣，無法進一步延續的情況。

談判新手很容易將兩者混淆。例如：你身為一個製造商，當你的代理商通知你：「如果今後兩年內你們不能調降價格，我們將另尋其他供應商。」如果你答應對方的

條件，將造成利潤損失，這時你可能會認為雙方的合作走到死路，但事實並非如此，這只不過是僵局。

再舉一個例子：你身為零售商的老闆，當一個客戶氣沖沖地對你大喊：「我們沒必要討論了，我堅持退貨，否則我將請律師跟你談。」這時如果客戶能心平氣和地聽你說，他就會明白你的產品毫無問題。但是，他怒火中燒，無法靜下心來聽你解釋，你會認為自己走入談判中的死路，但其實這只是僵局。

這些在談判新手看似死路的情形，在有經驗的談判高手看來，只不過是陷入僵局。**如果我們能多學習談判的案例、掌握實戰經驗，就能快速判斷是否有可能或有必要繼續進行。**

❖ 暫時擱置是弱化僵局的方法

無論在何時何地陷入僵局，我們都可以採取一個簡單又有效的方法來打破，那就是「暫時擱置」。

一九七三年第二次中東戰爭爆發後，暫時擱置被用來解決雙方的問題。當時美國主談者在中東警告以色列：「坐下來與埃及政府進行談判吧！若你們拒絕，可能會導致第三次世界大戰爆發。」

面對美國人的警告，以色列選擇保持強硬的態度：「我們可以和埃及政府進行談判，但我們堅持，無論什麼條件，都不會從西奈沙漠退出，因為那裡有我們建設的油井，對於撤出西奈半島，我們絕不讓步。」

現實談判中也常出現類似的威脅，例如：「我們可以和你們一起做生意，但前提是不能按照你們的支付條款進行。如果你們堅持，我們就沒得談。」

但是，**當我們使用暫時擱置的策略，對待當時看似無法解決的問題時，往往會獲得意料之外的效果**。

在和以色列人談判的過程中，美國人採取暫時擱置的策略，主談者表示贊同以色列的觀點，明確地告訴對方：「很好，我們也知道西奈沙漠對貴國來說很重要，那裡不但有你們建設的油井，而且你們在一九六七年時占領那塊土地。那麼，我們先放下這個問題，來討論其他的重要問題，如何？」

以色列人答應美國人的提議後，雙方先就許多小問題達成意見一致，並為後期的談判累積一些能量。最後，美國主談者再提出撤軍議題時，以色列人變得不再像初期那樣尖銳。雖然以色列人一再重申自己不會撤走軍隊，但最終還是撤走了。美國人聰明地選擇暫時擱置，並取得良好的效果。

除了第二次中東戰爭的談判之外，在一九九一年的巴以談判中，美國人同樣採取擱置爭議的方法。

一九九一年，為了促成以色列與巴勒斯坦解放組織之間的談判，美國國務卿詹姆斯・貝克（James Baker III）受到以色列人的抵制。聰明的以色列人知道，一旦展開談判，以色列人從巴勒斯坦地區撤軍將成為談判重點，因此果斷拒絕與巴勒斯坦人談判。貝克是談判高手，知道將以色列人拉回談判桌的唯一辦法，就是先擱置僵局，解決看似無關緊要的事。

詹姆斯・貝克對以色列人說：「我明白你們不想和巴勒斯坦人談判。不如先放下這個問題。試想一下，如果我們要談判，應該在哪裡進行？是華盛頓、中東，還是中立的馬德里？」

貝克逐步解決一個個看似微不足道的問題，將談判向前推進。接下來，雖然無法避免談論巴勒斯坦的問題，但因為前期已解決許多問題，美國和以色列洽談時，居然變得很容易。最終，美國為巴勒斯坦解放組織爭取到和平談判的機會。

美國人藉由暫時擱置的方法，處理談判中看似毫無解決方案的問題，並贏得最終勝利，扭轉一個國際政治危機。這種理念和策略，同樣適用於企業和個人危機。

❖優先解決小問題，是解決大問題的退路

當你與客戶談判時，對方明確告訴你：「我將召開年底銷售會議，如果你有意成為供應商，必須在此之前提供產品樣本，否則我們沒有談判的必要。」這時候，你若不能及時提供，便需要採取暫時擱置的方法。

你可以告訴客戶：「我了解產品樣本對你們來說很重要，但我們能否先討論其他問題？例如：我們是否需要使用你們的工會身分？我們合作時的付款問題，你們有什麼建議？我們可以先解決這些小問題。」

先暫時擱置造成僵局的問題，解決無關緊要的小問題，當最後需要討論真正重要的問題時，會變得輕鬆許多。從這個角度來看，在談判過程中，盲目將談判焦點固定在某個具體問題上，是不值得效仿的。

前期**藉由解決小問題，會在雙方之間形成一種凝聚力，使那些大問題變得更容易解決**。只有缺乏經驗的新人才會先解決困難的重大問題，因為對他們來說，在價格、付款方式等重要問題上不能達成共識，就沒必要浪費寶貴的時間。只有資深的談判高手才明白，在看似微不足道的小問題上形成共識後，會使對手更容易被說服。

【方法11】巧妙以退為進，讓雙方更快達成協議

俗話說：「退一步海闊天空，忍一時風平浪靜。」我們不可能在整個談判中持續進攻，必須適時做出讓步，因為協議是雙方相互妥協、退讓而達成的結果。

有些人基於愛面子的心理，相當排斥妥協和讓步。在他們看來，為了顧全顏面，就算丟掉生意也在所不惜。我們必須知道，如果想在談判過程中保護自己的面子，那麼顧全對方的面子便是重中之重。唯有讓對方覺得有面子，他才會順應你的需求。

不過，退讓也有一定的技巧，毫無原則地退讓會使我們處於弱勢。因此，談判者要靈活多變，懂得以退為進。

❖恰到好處的退讓才有效

讓步是談判者為了達到目的而使用的手段，但無利可圖的讓步只會自貶身價。如果讓步無法換來對方的有利資訊，就會失去其最初的意義。

讓步時，要讓對方感覺到我方的難處，因為太快讓步會給對方一種「你很好說話」的感覺，甚至在接下來的談判中被對方逼迫讓步，導致我方處於弱勢。因此，要有自己的底線，懂得適可而止，畢竟無限制地讓步會給對方極大的期望，較大的讓步則會被認為有便宜可占。

為了避免談判出現僵局，我們可以在適當讓步的同時，做出以下調整：

①**緩解緊張感**：緊張的情緒容易產生對立，當現場的氣氛緩和時，對立的局面就會緩解。因此，我們可以播放抒情音樂或泡茶，或是打開窗戶讓空氣流通，都有助於緩和緊張的氣氛，也可以改變地點來轉換心情，開創新的契機和可能性。

②**討論風險分擔：**不妨和對方討論一下風險的分擔方式。例如：建議對方調整產品規格，否則得承擔所有風險。向對手施壓，令他們不敢輕易冒險，不得不坐下來繼續談判。

在不嚴重損害我方利益的前提下，採用以退為進的方式讓步，將使談判進展得更順利。需要留意的是，以退為進是一種溫和的周旋，而非毫無原則的退讓。**退讓的目的在於，運用溫和的手段，讓對方感受到我方的誠意而樂於合作，但絕不是卑躬屈膝，毫無條件地妥協。**在談判桌上，如果對手持續咄咄逼人，不妨採取沉默的態度去應對，或者果斷回擊。畢竟，保持沉默是迫使對方讓步的好辦法。

❖權力受限是以退為進的方法

雖然身為臨時代理的談判者權力有限，但充分加以運用也可以博取很大的空間。我們看看以下這個例子：

小朱奉命陪同總經理阿強，與格林企業總經理阿海商談合作事宜。不過，在談判開始前的三分鐘，阿強因為急事不得不離開，臨時委託小朱進行談判。

在整個商談過程中，小朱獲得對方許多的讓步，但每當阿海提出讓步的要求時，小朱礙於自己的身分和權限，只能拒絕對方。結果，在整個商談過程中，格林企業沒有從小朱那裡得到一丁點的讓步。

在這個例子中，臨時代理人小朱沒有讓步的權限，反而是一種優勢。對於格林企業提出的條件和要求，他可以一概以沒有被授權為由而拒絕。

已有無數的案例證實，權力受到制約的一方往往才是勝利者。當你權限不足，反而會帶給對方壓力，使我方居於有利的地位，因為對手不得不在你的權力範圍內，考慮雙方的利益，這等於給對方設定框架。

一般來說，為了確保談判公平合理，雙方會派出權力相等或相近的人進行磋商。其原因在於，如果某一方擁有較大的權限，對方反而可以利用「自己權力有限」這一點，拒絕論據充分但有損利益的要求，於是居於有利地位主導談判。

除了限制代理人的權力之外，還可以運用公司制度、工程標準及政府規定等條件，拒絕對方的無理要求，使我方在談判中取得優勢。

優秀的談判者往往可以巧妙地將有限的權力，轉化為交易成功的武器，替我方爭取更多的利益。

【方法12】妥協未必要取中間值，改用加薪法調解

在一般人看來，當事情處於僵持狀態時，不妨採取各退一步的做法，以達到公平的目的。於是街頭巷尾經常出現這一幕：顧客只想用八十元購買售價一百元的東西，於是賣方和買方彼此做出讓步，以九十元的價格成交。這時候，我們通常會認為，九十元在雙方看來是較合理的價格。

但事實並非如此，美國完全談判協會（Power Negotiation Institute）創始人兼首席談判顧問羅傑・道森（Roger Dawson）認為，雙方在價格上的差異不一定要用中間價格來交易，因為討價還價的機會不是只有一次。

❖濫用折衷是低級的策略

濫用折衷是商務談判中最常見的手法，它是談判者面對兩種差異極大或完全對立的觀點，卻不進行客觀分析，一味對兩者進行折衷的方式。以下舉出一個例子供大家參考：

小雨是某家企業的採購專員，有一次他代表公司與供貨方談判，供貨方將貨物的價格定在一百五十元，但他的老闆提出的採購方案是一百元。兩者價差五十元，雙方為此進行激烈而漫長的爭論，始終僵持不下，最後供貨方要求雙方取中間值，各自分擔二十五元。對於供貨方提出這種看似公平合理的方法，小雨沒有具體分析，而是選擇成交。

其實該貨物在市場的流通價格是一百元，那個看似公正合理的中間價格，讓小雨的公司為每件貨物多付二十五元，蒙受重大損失，小雨也因此丟了自己的工作。

在很多的談判中，談判者往往會陷入折衷的圈套，忽略貿易關係應該以客觀為基礎，建立在公平合理的原則上，雙方應該允許對方藉由討價還價，直到貨物的價格接近市場同類產品的合理價位為止。

當貿易雙方的分歧在合約條款上，而非價格上時，折衷會有更大的危害。例如：合約條款的分歧是在違反法律等原則上，應該糾正有問題的一方，而不是單純地折衷或變通。

需要了解的是，為了促進貿易關係的形成，雙方必須針對分歧各自做出讓步。畢竟，貿易關係應該建立在雙方都能從中取利的基礎上，而非濫用折衷，使一方的利益嚴重受損，因為這樣展現不出商務談判公平合理的原則，更無法呈現雙方寬容和解的精神，有違雙贏的目的。

❖ 用加薪法壓低我方要分攤的價格

在談判過程中，當你考慮採用雙方取中間值的價格，就意味著你喪失再次壓低對方價格的機會。其實在進行價格談判時，最好的方法是加薪法。

在現實生活中，經常出現類似的事。當你購買電視時，賣方開價四千元，你可以採用加薪法來討價還價，就是把你的預算當作中間價格乘上二之後，再減去對方開的價。

舉例來說，如果你覺得這台電視可以用三千六百元採購時，應該運用加薪法，也就是三千六百元乘上二，得到七千兩百元。再把七千兩百元扣除四千元，最後得出三千兩百元。也就是說，你要提出的價格是三千兩百元。雖然對方肯定不會同意，但你可以用此價格為最低價，分次抬高價格。

這項拒絕平分價差的策略為：**不主動提出折衷，而是先明確告訴對方：「你給的條件還不是最好的。」然後想方設法讓對方優先提出**。因為分擔價差不是非得一人一半，而是在對方分攤的基礎上進行二次分攤，甚至三次以上。

比方說，對兩千元進行分攤，是各自分擔一千元，再次分攤則是兩個五百元，第三次分攤則是兩百五十元。所以，在談判過程中，我們可以要求分攤，但絕不能主動提出，而是以鼓勵的方式讓對方提出，因為這時候他會下降百分之五十，再下降百分之五十，這時候你就可以拿到最好的價格。

需要注意的是，當對方主動提出分攤差價時，就意味著對方妥協。這時候，你要表現得不情願，讓對方覺得自己是最終的贏家。既然我們得到實惠，不妨塑造一種輸給對方的感覺，讓對方獲得足夠的顏面。

麥肯錫的經驗告訴我們，在價格談判時，一味濫用折衷的方法，將導致我方處於不利的地位，可能喪失一些原本可獲得的利益空間，而在競爭中失去優勢。有策略地進行妥協，才會帶來更多利益。

守住目標底線，就不怕一時衝動造成損失

「回落目標」是指舉行談判前，自己事先確定好的目標底線，也就是我方要求對方提供的最低限度條件，或是達成服務的最低價格。

在國際貿易中，大多數的企業不會在談判前設定回落目標，所以當對手咄咄逼人時，他們通常會厭倦談判的過程，而且這種感覺會隨著時間的流逝更加強烈，使得他們產生「談判真無聊，我們趕快結束」、「若實在無法談，就同意他們的要求」等負面想法，導致最終做出不情願的讓步。

美國曾發生一件關於進出口許可證的真實事件：

很有才華的服裝店老闆松本先生，買下美國服裝品牌的許可後，成功在日本市場

推廣該品牌的服裝，接著他計畫開拓美國市場。松本喜歡和樂的氛圍，因此一想到談判時要和對手針鋒相對，就感到頭痛。

山下律師應邀陪同松本先生出席談判，他們的關鍵問題在於進出口許可證的費率。松本在談判前設定百分之三的底線，也就是當許可證的費率超過銷售額的百分之三時，松本就虧損了。

談判前，松本先生因為沒有調整好時差而相當疲憊。在中場休息時，他告訴山下律師：「我覺得很累，有一種想答應對方要求，馬上結束談判的衝動。」

到了下午，對方的律師直接找松本先生。或許松本真的對談判的壓力和緊張氣氛感到畏懼，他再次告訴山下律師：「你跟他們說，我們可以對費率的問題做讓步。即使要支付百分之五的費率，我也想趕快結束這場談判。」面對松本的讓步，山下律師的堅持失去了意義，最終雙方以銷售額的百分之四達成協議。

在這個例子中，松本先生沒有好好和山下律師共同進退，堅持「費率不得超過銷售額百分之三」的初衷，導致面臨對方的壓力時，做出意料之外的讓步。回到公司後，松本先生非常後悔。

在麥肯錫談判的過程中，唯有守住我方設定的目標底線，甚至是提高目標底線，才稱得上取得勝利。底線是我方在談判前為自己設下的警戒線，如果底線被突破，將導致我方無法掌握整場談判。

一旦事先設好目標底線，在談判過程中就要堅定地努力守住，無論過程有多辛苦，都應該堅持到底，不能因為一時的衝動，造成不必要的損失。

【方法13】短期利益vs.長期利益，衡量取捨有訣竅

在談判過程中，學會區分短期利益和長遠利益，並處理好兩者的關係至關重要，因為它們在談判中各有不可小覷的作用。下面來看看，短期利益和長遠利益到底有何差別與聯繫，以及談判時該對它們做出什麼取捨。

❖談判的短期利益——價格

短期利益是指**本次談判中能獲得的利益**。例如：在商場的買賣中，賣方會竭盡全力抬高產品的價格，買方則是想盡辦法進行討價還價，哪怕只是為了看似微不足道的利益，雙方也可能會爭得面紅耳赤，這是很正常的事。畢竟，雙方都是為了實現自身

利益的最大化，才會進行談判。

❖談判的長遠利益——價值

有時候，談判者應該在考慮短期利益的前提下，兼顧長遠利益。以下詳細介紹長遠利益的價值：

1 穩住長期客戶

長遠利益指的是什麼？我舉個例子：假如身為賣方的你希望顧客再次光臨，就應該讓對方明白自家產品最經濟實惠，他才會再次光臨。即使顧客沒有再度光顧，也可能將這個事告訴他身邊的人，如此一來，賣方就能得到相當可觀的長遠利益。

2 獲得回報

甲公司長期向乙公司採購，某次乙公司的銷售經理小程，找甲公司的採購經理小翔幫忙。原來，小程的公司當月給他「單價不低於五百元」的銷售目標，去處理一批數量高達一萬件的零件。甲公司長期需要這種零件，但最近沒有採購計畫。小程如果不能完成這個任務，這個月的薪水就會大打折扣，於是他想到有長期合作關係的小翔。

雖然甲公司最近沒有採購這項零件計畫，但小翔考慮到雙方已有長達十年的合作關係，小程是懂得感恩、值得信賴的客戶，而且甲公司的資金相對寬裕，所以小翔決定買下這批零件，解決小程的困境。既然這次甲公司幫助小程解決危機，若下次甲公司或小翔有困難時，小程便會給予幫助，這也是長期利益的價值之一。

❖別為了短期利益而妥協

曾有一位年輕人向仰慕已久的企業家請教成功的秘訣。那名企業家了解年輕人的意圖後，隨手拿起一顆蘋果，當著年輕人的面，將它切成三塊。

「現在，我們用這三塊不均等的蘋果，代表不同的利益。請你隨意選出自己想要的那塊。」企業家將三塊蘋果一起放在年輕人的面前。

「那我就不客氣了。」年輕人毫不猶豫地拿起最大塊的蘋果，便吃了起來。

企業家卻拿起其中最小的那塊，才過沒幾秒，吃完小塊蘋果的企業家不慌不忙地拿起剩下的那一塊，然後咬了兩口。這時候，那位年輕人吃完自己選的那塊，望著空空如也的盤子，一句話也說不出來。

忽然，年輕人意識到，自己雖然第一次選了最大塊的蘋果，但失去第二次選擇的機會。企業家雖然第一次選了最小塊的蘋果，但他很快就吃完了，就及時擁有第二次選擇的機會。企業家兩次選擇的加總，比年輕人取得的蘋果還多。

企業家吃完蘋果後，語重心長地告訴年輕人：「成功意味著一定程度的放棄，只有懂得捨棄眼前的利益，才有機會獲得長遠利益，這就是成功之道。」

同樣的道理，也適用於麥肯錫理念引導的談判。**唯有懂得長期利益大於短期利益，並正確處理它們之間的關係，才能贏得勝利與對手的尊重。**

切記！有時退出談判才是正解

一般來說，有三個原因會使談判結束：

①**達成協議：**雙方目標一致或原本只有部分成交，但修訂目標後達成一致。

②**暫時中止：**因為外部或內部原因而無法成交時，雙方約定或某方提出暫時中止談判。中止的本意是暫停談判，不同於具有攻擊和計謀的策略。

③**談判破裂：**雙方雖然經過努力，但最終沒有成交而結束談判。這是談判中經常出現的現象。

雖然保持積極樂觀的態度很重要，但談判者必須學會如何面對現實，因為不是每個談判的結局都是完美的。當事情進展不順利時，如何處理挫折十分重要，其實沒必要太在意，因為談判中經常有反敗為勝的機會。當你因為談判失敗而懊惱，甚至失去信心時，不僅沒有一丁點好處，反而可能害了自己。

❖拒絕談判成功，有時是自保

在談判過程中，一旦感覺事情不對，就要立即中止，因為比起令人不快的交易，及時劃清界限更容易讓人接受。曾有這樣一個例子：

有天，想開公司的阿金，與願意出售企業的小菱洽談買賣事宜。和藹可親的小菱具有豐富的生意經驗，即使開價較高，阿金也沒有表示異議。他們會談時，都是由買方阿金支付開銷，這在賣方小菱心中留下好印象。

小菱看到阿金如此熟悉商業禮儀且態度配合，認為他肯定會接受自己提出的價格和條件。但在最後階段，阿金完全顛覆之前的印象。

阿金雖然同意小菱的開價，卻要求以期票的方式，按月支付較高金額的費用。也就是說，阿金打算以做生意賺取的利潤來支付。這個條件令小菱非常憤怒，因為她希望趕快拿到一筆錢去度假，如果答應買方，就無法達成願望。於是小菱致電阿金，說：「雖然我認為你很講究誠信，但無法同意你按月支付款項。為了表示你的信用，你應該先支付部分現金。」但是，小菱的要求遭到阿金拒絕。最後，小菱決定另尋買主。

後來的發展充分證明小菱的選擇是正確的，因為阿金後來轉而購買另一家企業，但很快便因為經營不善，無力支付後續的費用，最後將企業歸還原主。

在這個例子中，賣方堅持立場，果斷拒絕買方提出的付款方式，後來的事實也證明賣方的精明之處。雖然這場談判以失敗收場，但賣方沒有虧損。可見得，即使結局不如所願，不代表我們真的失敗，有時拒絕成功、退出談判反而是自保。

❖柳暗花明又一村

在必要時退出談判，有時是正確的選擇。我們沒必要一味犧牲自己的利益來促成談判，也不應該不計代價地求勝，否則會無法心平氣和地談判，而大幅降低成功率。那麼，堅持自己的利益會有哪些好處？

積極進取的人向老闆要求加薪而被拒絕後，轉而自立門戶且走向成功的例子不勝枚舉，這就是「山重水複疑無路，柳暗花明又一村」的最佳寫照，也是堅持自己的意願，主動讓談判失敗的好處。試想，如果當時他們成功被加薪，還會有後來自己的事業嗎？多半會繼續在當初的崗位上，拿著固定的收入而安度一生吧。

同樣的道理，**與其一味背負著壓力去努力，倒不如趕緊退出這場無法獲利的談判**。「條條大路通羅馬」，即使這次談判失利，或許下次會以更好的條件，在另一個談判對手身上取得成功。

第4章重點整理

- 面對僵局時，可以採取「暫時擱置」大問題、先解決小問題的方式，來打破僵局。
- 退讓的目的在於，運用溫和的手段，讓對方感受到我方的誠意而樂於合作，但絕不是卑躬屈膝，毫無條件地妥協。
- 貿易關係應該建立在雙方都能從中取利的基礎上，而非濫用折衷，使一方的利益嚴重受損。
- 談判前，要確定自己的目標底線。唯有在談判過程中守住目標底線，甚至提高，才稱得上取得勝利。
- 唯有懂得長期利益大於短期利益，並正確處理它們之間的關係，才能贏得勝利與對手的尊重，千萬別為了短期利益而妥協。
- 有時，談判的結果雖然是失敗的，但不代表真的失敗，有時退出談判反而是正解。畢竟，沒必要一味犧牲自己的意願來促成談判，也不該不計代價地求勝。

在談判過程中，激烈的討價還價結束後，不代表危機解除，其還會存在危機和禁忌。

那麼談判成功後，危機就會消除嗎？答案是不一定。

閱讀本章你將能像麥肯錫顧問一樣，理智地進行深度思考。

第 5 章

贏家提醒！即使勝利在望，別被一時順風所迷惑

邁向收尾有5種訊號，怎麼因應才不會弄巧成拙？

談判時，如何收尾是一門藝術。談判者需要保持理智來掌握情勢，還需要注意輕鬆易得的勝利很可能是對手設下的圈套，不能因為即將到來或已獲得的勝利而得意忘形。

❖ 關注談判的收尾訊號

一場長時間的談判，大多會在初始階段進展得極為緩慢，但會在某個刺激下，突然加快步伐，讓雙方在短時間內做出大幅度的讓步，使累積下來的問題快速得到解決，甚至在幾分鐘之內，完成最後的拍板。這時候，談判雙方會因為期待結局的到來，而處於準備結束的亢奮狀態。談判者出現這種狀態，很可能是因為其中一方發出收尾訊號。

收尾訊號會根據談判者有不同的表達形式，但整體來說不外乎以下五種：

①**以簡短的一句話闡述立場**：話語中透露承諾的意願，最常見的說法是：「這是我方給出的最後決定，希望你們也能拿出誠意。」

②**提出完整的建議**：在建議中明確所有問題的解決方案，當建議不被對方認可時，選擇中斷談判。

③**以即將結束的語氣表明立場**：談判者會坐姿端正、交叉雙臂，以即將做最後決定的語氣，表明自己的立場，且雙眼注視對方，絲毫沒有緊張感。

④**用非常簡短的方式應答**：談判者以「是」、「否」、「對」這類簡單的方式，應答對方的問題，同時不再闡述論據，代表他認為沒有繼續的餘地。

⑤**不斷說明此時結束最有利**：一而再，再而三向對方列舉許多理由，證明現在結束談判才是最有利的選擇，就是收尾訊號。

對手發出上述這些訊號，最終目的在於迫使對手做出承諾。需要注意的是，為了避免對手憤而退席，不能使用過於高壓的政策。若是為了促使對方讓步，不能過度表露此時想達成的欲望。

❖ 勝利在望時，千萬別得意忘形

在談判取得一定的進展或獲得全面勝利之前，絕對不能表現得過於開心、興奮，因為一旦表露心裡的興奮，便可能遭到對方反擊，例如：對方在正式簽約時，提出取消讓步，並列出種種原因，便可能引發爭論。

如果對方懂得把握這個時機，身為對手的我們很可能會面臨不得不讓步的局面。所以**面臨暫時性勝利時，絕對不可以表現出得意忘形的樣子，因為過於容易得來的勝利，往往是對方設下的陷阱。**

經歷艱苦的討價還價後，談判中出現的每個問題都已經過交流，也取得一定的進展，但仍會有一些障礙存在。

在這種交易趨於明朗，且接近收尾的衝刺階段時，談判者更應該保持敏銳的觀察力，絕對不能忽略對方的收尾訊號，否則容易導致功敗垂成，使談判走向失利。如果因為放鬆警惕或急於求成，而向對手施以高壓手段，也可能會導致我們前功盡棄。

另一方面，如果顯露出我方即將勝利的興奮情緒，則可能被對方強迫做出更大程度的讓步。

以下是一個成交後，因為缺乏謹慎的態度而招致失敗的例子：

阿強是一家清潔公司的經理。在某大廈即將完工時，阿強透過關係，承攬了整棟大廈的清潔工作。但是，當他簽完合約時，因為過於興奮，不小心打翻位於門口的水桶，讓水灑了一地。旁邊的員工趕緊拿著抹布擦乾地板上的水。

很不巧的是，阿強打翻水桶的那一幕，被清潔組長小輝看到。小輝認為，阿強身為經理，行事竟然如此不小心，他們公司的員工不就更無法令人放心嗎？於是，小輝取消雙方剛簽署的合約。

藉由上述案例，我們不難看出，千萬不要在生意談成後志得意滿、懈怠大意，越是在最後階段越要小心，因為我們很可能打翻自己辛苦得來的成功。畢竟在談判的收尾階段得意忘形，讓煮熟的鴨子飛了的例子，早已屢見不鮮。

【方法14】擬訂協議時，必須白紙黑字確認重點

在談判過程中，草擬協議或合約之前，我們通常會利用口頭上的溝通，來規劃、補充或闡述細節，以及對方遺漏的部分。但是，簡單的口頭協議沒有任何效力，也不受任何法律保護。

有個成語叫做「口說無憑」，一旦雙方達成協議，就會採用正式的文字，將雙方的權利和義務詳細記錄下來，因為大家都相信文字比口頭約定更有說服力。多數人對於口頭發言總會抱持一絲懷疑，而相信寫在紙本上的文字。這就像當你站在路口告訴路過的司機「前方道路坍塌，不能通行」時，還不如樹立一塊「前方塌陷，禁止通行」的警告標誌更容易讓人信服。

❖談判記錄有助於統整協議內容

每一次的談判結果，都需要做成嚴整緊密的協議來確認和保證，而談判協議總是以法律形式來記錄。為了更完整地草擬協議，談判者應該在談判過程中做好記錄，並標出其中的關鍵，即談判過程的小總結。

所謂的小總結，是指在談判過程中，進行到某一個節點時做出的歸納與總結。這是用來整理該階段內雙方達成的約定和分歧，有助於歸納議題。做小總結的方式有口述、書面和板書三種：

①**口述**：一般是由主談者做口述，次談者或助手做記錄。

②**書面**：以備忘錄、紀要和記錄的形式出現，可以是雙方共同草擬的文件，也可以是單方面的文件。

③**板書**：指寫在黑板、白板上的方式，主要是用來交接談判階段和場次。根據記錄的側重點，有主寫和次寫之分。

另外，小總結具有及時、準確和刺激三個特點：

①**及時：**馬上反應談判中某時間點的內容。

②**準確：**可以客觀反應談判結果，並得到雙方的認可。

③**刺激：**發揮承上啟下的作用。

除了上述三個特點之外，小總結還可以用來安排日程、確定目標、組織人員等等。**做小總結的目的在於，引導談判過程，消除可能出現的混亂現象，同時提醒自己在過程中答應對方的條件。**

此外，我們可以藉由記錄來整理談判過程，從中找出雙方的異同點，明確下個階段的目標。小總結雖然是針對已完成的階段，要求其內容抓緊談判主題，但它不只可以再現談判議題，還能再次擴展、歸納和總結其中的異同點和支持點。

需要留意的是，協議的內容應該與記錄或小總結保持一致，一定要杜絕不相符合、模棱兩可，以及含混不清的情況。

❖ 草擬和簽訂協議前要謹慎再三

談判中，我們不太可能一次闡述所有問題，而不遺漏任何內容。也就是說，我們可以利用草擬協議前的這段時間，適當補充和完善遺漏的條件與細節。談判者一定要明白，一旦協議簽字生效後，雙方的交易必須以協議為基準，不再與前面的談判有任何關聯。因此，在草擬和簽訂協議之前，務必三思而後行。

以下提供擬訂協議的兩個注意事項：

1 盡量由我方草擬

為了保持有利的地位，無論如何一定要爭取主導權。**在草擬協議的階段，如果條件允許，一定要親自擬訂**。因為在複雜的談判過程中，雙方可能會忽略或遺忘繁多的口頭約定和細節，導致草擬者依照自身利益擬訂合約，使對方處於不利的局面。況且，草擬者可能會刻意模糊或淡化不利於自己的條款。

在草擬協議時，也有很多「一字之差，謬之千里」的情況，例如：將外國人寫成外地人，這兩者的差異就不止十萬八千里了。所以在草擬協議時，一定要講明協議中的所有內容，如果對方沒有理解內容，便可能將所有責任推到你的頭上，並拒絕承擔任何後果。另外，為了避免增加不必要的麻煩，在協議形成書面文字後，要盡快安排對方確認簽字，否則他們可能會提出質疑。

2 草擬者是對方時的注意事項

有些談判者會為了自身利益，刻意在草擬或簽訂協議的過程中，更改談判結果，例如：在數字、日期或關鍵點上做小動作，甚至為此推翻當初的承諾。對方在協議中的小更動，可能會使你損失往後的利益。然而，有大約百分之二十的人，因為缺乏從頭到尾閱讀協議書的習慣，而被對手愚弄。如果等到利益發生衝突時，才後悔當初沒有注意，或是譴責對方的手法太過卑鄙，都為時已晚，因為合約早已生效。

因此，在擬訂協議的過程中，我們必須小心謹慎，不得有絲毫鬆懈。為了避免對方在撰寫時，曲解某些內容或是設置陷阱，我們**在審讀協議或合約時，要盡量掌握每個細節，不妨認真多看幾遍內容和交易條件**，同時為了方便分析和比較，一定要保留每次修改後的底稿。

其次，務必要確保團隊中的每位成員都看過一遍，才能避免產生誤解或忽略其中的某項內容或要求。俗話說：「當局者迷，旁觀者清。」談判者也許會受到情緒影響，而誤信對方實際上並未答應的條件，這時藉由每位成員的瀏覽與確認，便能及時提出錯誤並進行修訂。

最後，一定要將草擬好的協議書與談判結果一一對照，直到確認兩者無誤之後再簽字。

【方法15】想確保勝利，要適時讓步給對方下台階

談判中，如果一方以絕對的優勢取勝，而對手只能無可奈何地妥協，可能會使失利的那方在日後的往來中，進行惡意報復。所以，在談判臨近結束時，勝利者必須適時安慰對手，這是很重要的策略。

在與高手談判時，偶爾會因為對方過度驕傲，我們不得不違背常規來達成協議，以確保我方處在有利的地位。在這種情況下，阻礙協議達成的原因，通常是對方強大的自尊心和虛榮心。

舉例來說，當你與某公司的部門經理談判時，他想要向採購部門職員展現自己的能力，導致談判過程一波三折。在這種情況下，如果你想讓客戶接受你的方案，不妨在最後階段做出微小讓步。這個讓步幅度可以不大，關鍵是把握時機。唯有掌握讓步

的時機，才能發揮事半功倍的效果。以下將介紹讓步和小恩小惠的差別。

❖最後讓步的時機與幅度

談判進行到最後階段時，雙方往往會在個別問題上糾纏不清，為了達到最終目的，需要其中一方做出最後的讓步。這時，應該注意以下事情：

1 讓步的時機

如果過早做出最後的讓步，會被對方認為是討價還價後的結果，而不是為了達成談判所做的讓步，這很容易導致對方做出進一步的要求。不過，若太晚做出最後的讓步，會淡化讓步帶給對方的影響和刺激力度，導致談判難度增加。

為了使讓步的效果達到最大化，我們必須找出最佳的讓步時間。一般來說，最後的讓步分為「主要」和「次要」兩個部分進行：

①**主要部分：**在談判結束前，做出主要部分的讓步，讓對方有足夠的時間享受。

②**次要部分：**在最後的時間點，提供一點「甜頭」。

如果將談判看成一桌豐盛的宴席，主要部分的讓步就是壓軸的拿手菜，可以提升現場氣氛，次要部分的讓步則是宴席即將結束時的水果盤，能發揮疏解心扉、愉悅心情的功用。

2 讓步的幅度

如果在最後時刻進行大幅度的讓步，會讓對方得寸進尺，但讓步幅度過小會讓對方難以獲得滿足感。

因此，在思考最後讓步的幅度時，應該綜合考量對手的地位和職位高低。在多數情況下，談判臨近結束時，雙方會派出高級主管來收尾，此刻讓步的幅度必須與對方的地位匹配，也就是說，要滿足對方的尊嚴，讓他覺得獲得足夠的面子。但是，讓步的幅度不能過大，否則對方會認為部屬在前期沒做好工作，導致談判進一步延宕。

需要注意的是，**做出最後讓步時的態度必須堅定，因為對方可能會一再提出質疑，以確定我方是真的做最終讓步**。如果輕易地被對方牽著走，甚至更改最後的讓步，便難以在短時間內完美收尾，或是最大限度地維護自身利益。

❖無傷大雅的小恩小惠

在談判過程中，高明的談判者會藉由施以小恩小惠，使對手始終保持一種很舒服的感覺。也就是說，我們給予對方「安慰獎」的關鍵在於時機，而不是恩惠的幅度。舉例來說，你可以告訴客戶：「價格方面我們真的無能為力，但如果你們接受這個價格，為了保證運行順利，我可以親自安裝與監督。」

雖然在此之前，你早就打算這麼安排，但由於你一直保持很客氣的態度，對方便很容易接受提議，因為他感受到你的誠意，也覺得自己獲得補償，就會直截了當地說：「好，我們就這麼辦！」

具體來說，談判過程中的小恩小惠，主要體現在以下四個方面：

①**額外服務：**對產品或服務提供操作培訓等額外課程。
②**價格：**為了便於對方審定訂單，保持一定時期內價格的穩定。
③**工期：**承諾的合約工期，由原來的三十天延長到四十五天。
④**擔保：**可以在往後的三年內，繼續享受附加擔保。

這個安慰策略的使用時機，是在我方談判後沒有提供最優惠價格或做出最大讓步時。如果我方已經做出最大讓步，卻又施以小恩小惠，會顯得畫蛇添足且無關痛癢。

❖千萬別畫蛇添足，炫耀勝利

在慶祝談判成功時，絕對不可以喜形於色，更不能忽略對手的感受，或是影響到對方的情緒，否則可能會引起對方的不快而無法維護談判成果。

以下舉一個案例：

曾有一位推銷人壽保險的業務員，問即將替丈夫簽約的老婦人：「您是否覺得簽訂合約後，心裡有了安全感呢？這樣即使發生什麼事，您也會有保障。」

聽到這番話，老婦人有點不高興地說：「你這是什麼意思？是在說我買保險是盼著丈夫出事，然後拿你們的錢嗎？你這話說得太沒水準了吧。我們不買保險了！」

業務員因為一句話，使得原本即將到手的生意泡湯。

如果在談判結束後喜形於色，單方面慶祝我方獲得的利益，甚至誇耀過程中出現的策略，在對方眼裡等於是諷刺他們的談判能力低下。這種做法往往會自找麻煩，甚至激怒對方，導致他們惱羞成怒，將已經約定好的東西全部推倒重來，或是提出苛刻條件導致協議無法簽訂，甚至會在履行協定的過程中，千方百計地加以報復。

因此，在談判即將簽約完成的階段，我們要更小心、謹慎，絕對不能使對手感受額外的壓力，以免對方的情緒受到打擊而改變主意，導致我們前功盡棄。

取得較多利益的一方，一定要認定這是雙方共同努力的結果，也是建立在滿足雙方需求上的成功，同時還要讚美和認同對方的談判技能。唯有如此，才能安慰對方因收穫較少而失衡的內心。假如你不善於這樣做，此時適宜的做法便是慢慢將桌上的文件收拾好，而不是和對手漫無目的地聊天，否則難免會犯下言多必失的錯誤。

【方法16】當對手失利而發怒，得找出癥結去滅火

談判中，經常會遇到對手因為沒有取得預期目標，而選擇僵持或猛烈攻擊的情況。這時，面對咄咄逼人的對手，應該保持冷靜，安撫對方的情緒，避免情況惡化，進而控制現場，以正確的應對策略與他抗爭，絕對不能亂了陣腳。

❖ 挖掘對方發火的深層原因

當對手因為難以達成目的而氣急敗壞時，我們必須釐清他生氣的原因。心理學家認為，不同的人在發怒時會採取不同的表達方式。因此，我們可以根據這些差別，大致分析對手發火的原因。

以下將對手可能會發火的原因分為三種，並提供因應對策：

1 談判遭遇失敗

每個人都有發怒或宣洩情緒的時候。隨著工作和生活上的壓力增加，精神越來越緊繃，心理負擔也越來越大，使得人們變得更加脆弱且容易發怒。倘若此時談判恰巧失敗，情緒可能就會爆發。

面對因為談判失敗而發火的對手，我們應該**採取冷處理，給對方自我調控和宣洩的時間**。只要等對方情緒緩和，他就會發現自己剛才的失態並表示歉疚。如果我們當下與對手說道理，反而會再次激怒對方。

2 未能獲得尊重

談判中，對手之所以產生憤怒的情緒，往往是因為感受不到我方的尊重。當我們忽略對方的感受，而一味堅持我方觀點或意見時，很可能導致對手惱羞成怒。

面對因為這個原因而發火的對手，我們要**放低姿態，帶上真誠的微笑，去認同、**

理解對方的情緒，你可以說：「其實我非常尊重你，若讓你產生誤會我很抱歉，但我們以後還有很多合作機會，可以展現出我對你的尊敬。」畢竟，人們受到傷害時難免會生氣，而認同他受到傷害這點可以減輕憤怒情緒。

3 理由不足以說服對手

一般來說，談判者試圖用咄咄逼人的氣勢壓垮對方時，往往是因為自己的理由不足以說服對方。面對這樣發火的對手，我們應該**學會從對方的角度思考問題**，雖然未必能聽進他的訴求，但有助於你了解對方的弱點，並採取相應的手段加以對抗。

❖ 不以暴制暴，對方越不冷靜，你越要冷靜

談判最忌諱的是不能控制自己的情緒和態度。如果我們將個人情緒帶到談判桌上，往往會使整體利益受到損害。

歷史上因此遭遇失敗的例子不勝枚舉，以下提供一個：

《三國演義》中，關羽大意失荊州、敗走麥城而被殺後，怒髮衝冠的劉備拒絕所有大臣的勸慰，一意孤行堅持率兵伐吳，結果因小失大，最後被火燒連營，落得托孤白帝城的下場。

從這個例子中，我們不難看出，在關鍵時刻被怒火左右情緒，將付出慘重的代價。

雙方進行談判的目的無非是雙贏，所以談判時，保持冷靜的態度有助於消除彼此之間的不信任感。談判經常需要體現團隊精神，畢竟沒有人希望因為個人情緒，導致談判破裂。因此，我們必須控制自己的情緒和態度，盡量做到不傷和氣，才能使談判邁向成功。

❖ 重在溝通

在許多人眼裡，談判是一件令人恐慌的事，特別是當彼此溝通不順暢時，往往會讓人們產生憤怒的情緒。

如果我們在談判中設身處地為對方著想，就能確保對方獲得利益，進而達到雙贏的目的。這種美好的雙贏結局，需要雙方互相理解、協調與合作來共同達成。為了理解對手，我們必須重視溝通，既要在談判時發表自己的意見，同時也要賦予對方表達的機會，才能真正了解並增進彼此的關係。

當對方因為他提出的問題遲遲沒有獲得解決，而憤憤不平時，我們一定要盡快表明立場，讓對方知道問題正在積極處理中。在溝通之後，我們不妨採取部分答應的策略，來緩和緊張的局面。如果你忽視溝通、拒絕交流，無法對他的要求提出滿意的答覆，並以十分堅決的態度面對，很可能讓對方產生過激的行為。

❖在攻擊型對手的面前，不輕易妥協

雖然剛才說過，我們可以在對方生氣時，部分答應他提出的要求，但我們必須明白，對峙可能會丟掉一筆生意，妥協損失的卻是利潤。如果因此做賠本生意，會與我們談判的初衷背道而馳。

以下提供一個面對不合理要求，不輕易妥協的例子：

小李有一次外出時，車子拋錨在半路上，只好請附近的修車師父修理。沒想到對方修好車子後，居然提出驚人的維修費。小李認為，雖然修車師父付出勞力，但是維修費理應合情合理，因此雙方發生爭執。

無奈的小李只好打電話給律師朋友小鵬。小鵬建議小李對修車師父說：「我先打電話通知政府相關單位，然後再支付你提出的價碼。」

修車師父聽到小李的話，怕小事鬧成大事，只好按照正常標準收取費用。

由此可見，與攻擊型對手談判時，不要害怕他們表現出來的氣勢，絕不可以因為驚慌而亂了陣腳，更不能因為憤怒而失去分寸，否則就是給對方機會，到時候受到傷害的反而是我們。

面對這種情況，我們可以不辯解、不驚慌失措，而是冷眼相對，並且**仔細尋找他**

理由不足的地方來反駁，因為這類對手的道理大都站不住腳。不過，反擊對方時，一定要掌握策略。當我們使用令對手恐懼的方式時，他們也許會變得明白事理，不再無理取鬧，我們就能採取常規的方式與他談判，這基本上意味著我們取得了勝利。

談得再美好，能落實協議事項最重要

談判是雙方共同利益的載體，但在追求共同利益的過程中，又存在著各式各樣的利害衝突，這些衝突會破壞共同利益的和諧，甚至令談判協議成為一紙空文。所以，當我們經歷千辛萬苦，最終獲得成功之後，還需要保持良好的事後溝通，才能夠確保成果。

❖ 回收貨款的方法和注意事項

經過談判結束、簽訂協議、出貨後，還稱不上完全成功，因為還要收取貨款（主要是尾款）。只有收完所有貨款後，才能算是完好鞏固成果，因為做生意的目的是獲取利潤。當你拿不到貨款，就無法獲得利潤，危機便難以解除。在收取貨款的過程中，要注意以下三個問題：

1 由誰收取貨款？

①可由參與談判、簽訂協議的業務員前去收取。

②由公司的財務部門出面收取。

③聯繫對方前來交納。

④委託銀行、融資機構等代為收取。

承辦貨款收取業務的人，必須擁有強烈的責任感和嚴格的紀律，同時還要熟悉本職業務。在上門收款前，一定要提前聯繫對方的會計承辦人員，給對方預留足夠的準備時間。

2 何時收取貨款？

收取貨款的時間大都具有嚴格規定，一般要求收款時間不得超過規定日期。收款人必須明確對方付款的期限，這是最基本的要求。唯有明確付款日期，才能催收貨款。

若對方無法支付貨款，要及時了解其理由，並約定還款日期，還必須及時與主管溝通，聽從上級指示。切忌擅自做出超出自己權限的決定。當對方不能明確交待遲交貨款理由時，要在第一時間聯繫上級，並在收款處等候上級指示。

3 當面點清款項

當貨款以現金形式結算時，一定要當面點清、驗明。一直以來，現金都是相當敏感且容易出錯的東西，所以在收取現金時，必須提高注意力，避免因為疏忽，造成不必要的麻煩。

當貨款以支票形式支付時，要仔細核對每張支票上記錄的內容。除了檢查金額以外，也必須仔細查驗簽章和印花等資料，同時也要請對方再次查驗。我們也必須了解對方的請款單是否有特殊規定，若有，則應該嚴格按照規定執行。

俗話說：「錢不是萬能的，但沒有錢萬萬不能。」對企業來說，錢非常重要，一旦在貨款上出現問題，將為雙方帶來不利影響。所以在收取貨款時，必須準確無誤。否則，歷經千辛萬苦才得到的成果將大打折扣，並引發後續麻煩。

❖協議內容難以實施時，要提出再談判

當談判協議中的內容，因為後期各種不可抗拒因素而難以達成時，需要雙方再次進行談判，這種類型的談判稱為「再談判」。

再談判也稱作二次談判，是指**在首次談判結束後，因為一方要求或雙方協商，而重新恢復已終結的談判**。這是對過去的談判結果進行延伸，關鍵在於鞏固既得的成果。再談判原則上具有連貫性，過程中需要以過去經驗作為參考。

舉行再談判時，盡量開門見山、直接切入主題，絕對要避免出現全盤重談的局面，但過程中又必須回顧上次的談判。

頂尖人士都不會讓煮熟的鴨子飛了，那你呢？

談判是有效扭轉危機的方法，但即使談判成功、取得一定成效，之後仍可能受到各種外在因素影響，危機也許就會再次光臨，這代表我們仍需要在很長的時間內提高警覺、防範危機。

千萬別覺得一時的力挽狂瀾能換來一輩子的風平浪靜。畢竟，**危機不會安分地待在談判協議之下，它總會在你大意時，再次予以沉重打擊**。因此，建立自己的危機意識，是有效防範危機再起的靈丹，其綿長深遠的影響絕不亞於談判的作用。

唯有具備危機意識，求生的本能才會激發最大潛能。如果躺在安穩的床上睡大覺，就會失去事業和生活的重心，進而滿足現狀、不思進取，更不願意冒險，久而久之就會喪失鬥志。尤其是談判獲得成功、危機得以解除的企業，特別容易令自己身處安逸之中。

有智慧的企業家既善於在順境中保持憂患意識，又擅長在逆境下勇敢面對危機，使自己堅持不懈地努力，懂得居安思危、未雨綢繆、有備無患。

全球知名大企業的成功，都是取決於領導者強烈的危機意識。比爾・蓋茲總能感受到危機的存在，他說：「微軟離破產永遠只有十八個月。」聯想的柳傳志認為，你一打盹，對手的機會就來了。百度的李彥宏經常強調：「別看我們現在是第一，如果你停止工作三十天，這個公司就完了。」海爾集團創辦人張瑞敏經常說：「每天的心情都是如履薄冰、如臨深淵。」

日本知名企業日立公司，就是在憂患意識的激勵下走向成功的典範：

二十世紀時，全球出現石油危機，導致經濟大蕭條。日立公司也深陷其中，首次出現嚴重虧損，壞消息接踵而至。為了扭轉不利態勢，公司做出一項違背常規的人事管理決策：一九七四年下半年，全公司所屬工廠三分之二的員工，共六十七點五萬名全部帶薪休假、回家待命，公司發放工資的百分之九十七到九十八，作為員工的生活費。

這項決策雖然在節省經費開支方面，發揮不到什麼作用，但可以使員工產生積極進取的憂患意識和危機感。日立不僅讓一般員工產生危機意識，還將這種危機意識帶到整個公司。一九七五年一月，公司對四千多名管理幹部實行幅度更大的削減工資措施，使他們產生憂患意識。

在危機意識的激勵之下，整個公司散發新的能量，大家更奮發地努力工作，為振興公司出謀策劃。於是，僅僅過了半年，公司的效益大幅度提高，達到三百多億日元的利潤，比之前高出許多。

談判結束之後，難免會接二連三地出現各類風險，因此我們必須做好心理準備。在取得一點成績時，要記得曾經遭遇的危機，並預測日後可能發生的難題。在陷入困境時，更要**分析過往危機的先兆與現今的情況是否有相同之處，並做出一系列防範措施**，就像日立公司一樣，採取積極應對的手段，將企業危機扼殺在搖籃之中。

當我們全面認識可能發生的危機時，就能借助這樣的憂患意識和未卜先知，將風險降到最低。

防範危機的道路是漫長的，就像打疫苗一樣，沒有只打一針就終身有效的藥劑，必須經常審視當前的情況，深入且全面地分析各類危機。這項工作是每位企業管理者、高層或員工都應該參與的，當你能將其視為與本職工作同等重要時，就等於關上一扇扇通往危機和困境的大門。

第5章重點整理

- 面對暫時性勝利時，絕不能表現出得意忘形的樣子，因為輕易獲得的勝利可能是對方設下的陷阱。
- 小總結不只可以再現談判議題，還能再次擴展、歸納及總結其中的異同點和支持點。
- 若條件允許，一定要親自草擬協議，否則對方可能會依照自身利益來擬訂，甚至刻意模糊不利於自己的條款。
- 在審讀協議或合約時，為了避免對方在撰寫時，曲解某些內容或是設置陷阱，盡量掌握每個細節與修訂，並確保每位成員都瀏覽過一遍。
- 做最後讓步時必須態度堅定，因為對方會千方百計提出質疑，以確定我方是真的做最終讓步。
- 與攻擊型對手談判時，不要畏懼他們表現出的氣勢，要盡量冷眼相對，尋找他理由不足的地方。
- 在我們經歷千辛萬苦，最終獲得成功後，還需要保持良好的事後溝通，以利於鞏固成果。

主要介紹企業經常面臨的六個危機，並且提供相關案例。只要全面了解危機，就能針對問題制訂談判策略、化險為夷。

附　錄

工作上常見6種危機，都可以用談判技巧突破

掌握危機的成因與狀況，化解營運衝擊

在資訊科技快速發展的今天，企業危機是社會輿論關注的熱點和焦點，有時一件原本不起眼的事情因為受到媒體關注，會成為一件牽動社會各界的公眾危機。想要降低危機產生的不良影響，就要對危機的產生與發展有全面的了解。根據不同的標準，危機被分為三段論和四段論。

三段論認為，危機可分為「前、中、後」三個階段。第一個階段是危機前。俗話說：「預則立，不預則廢」，危機前主要是做好防範工作，也就是管理者要有危機意識，在危機尚未發生之前，要把導致危機發生的一切因素消滅在萌芽狀態。

第二個階段是危機中。此階段主要是危機爆發後，不能迴避、隱瞞，更不能任其發展，要全方位了解危機發生的原因，以及可能帶來的災難性影響，進而找到解決危

機的辦法，並及時採取措施，避免危機持續擴大。

第三個階段是危機後的復原與學習。危機過後，最重要的不是追查危機造成的嚴重損失，而是分析此次危機帶來的教訓與啟示，從而為企業的發展提供新的動力。

接下來，介紹企業在經營上可能會面臨到的六個危機與衝擊，以及相關的實際案例。企業管理者或負責人，只要掌握發生的原因與目前面臨的狀況，就能針對問題擬訂談判策略以化險為夷。

危機1：資產虧損

任何成功的企業都不會一帆風順，而是在克服一個個危機的過程中逐漸成長。基本上，企業面臨的首要危機是資產虧損。

企業是以營利為目標的經濟組織。唯有當企業處於獲利狀態，且資金流動良好時，才有可能日益壯大。如果一直處於虧損狀態，就會失去存在和發展的機會。巨人集團（註：全名為巨人網絡集團股份有限公司）如神話般崛起，卻曾經不敵危機而倒下，導致這個慘況的原因就是資產虧損問題。

❖ 從巨人集團的案例，認識資產虧損危機

巨人集團從崛起、衰落再崛起。創辦人史玉柱畢業後，向親朋好友借了四千人民幣，承包深圳某大學的電腦設備，開啟創業之旅。

史玉柱先以抵押的方式在《電腦世界》（*Computerworld*）打廣告，將桌面出版系統推向市場，而《電腦世界》給他的付款期限只有十五天。在刊登廣告後的十二天內，他的戶頭分文未進，直到第十三天出現轉機。就這樣，史玉柱把所得全部投入廣告中，四個月後銷售額突破百萬大關，為巨人集團奠定基石。

隨著資本越來越多，史玉柱打算創立公司。一九九一年四月，他以資金兩百萬人民幣成立珠海巨人新技術公司。一九九三年銷售額達到三百億人民幣，成為中國極具實力的電腦企業，巨人集團的發展開始受到社會重視。

因此史玉柱有了更大的目標。在一九九四年初，他發現電腦的發展日新月異，自家產品已完全被軟體取代。經過大量市場考察，他決定改變發展策略，把一部分注意力轉向保健品，並在多角化經營的策略下，決定修建巨人大廈。

按照最初的設想，資金應該不成問題，但在各種因素的堆疊之下，原本計畫建造十八層的大廈，一直增加到七十層，投資也從兩億人民幣增加到十二億。然而，當時史玉柱手中只有一億多人民幣的資金。

不可思議的是，巨人集團沒有向銀行申請貸款，最終因財務惡化而陷入破產危機。為了彌補虧損，巨人集團以超過資金十幾倍的規模，投資於生疏且周轉週期長的房地產，等於凍結有限的財務資源，而且保健品的工程也缺乏正常運作與廣告費用，使企業陷入嚴重的財務困境。

雖然史玉柱已經東山再起，但是公司轟然倒塌的經歷讓他終生難忘。之後在重整巨人集團的過程中，他非常重視資產的獲利與運作，時刻讓資產處於良性運作狀態，以避免再次虧損。

巨人集團的故事讓我們充分意識到資產的重要。若資產沒有良性運轉，就不會有健全的發展。在重整企業的過程中，史玉柱為自己制訂三項鐵則：

①**要有憂患意識：**必須隨時保有危機意識，做最壞的打算，並時刻防備公司突然倒閉的危機。

②**不盲目行事：**不得盲目冒險、草率進行多角化經營，必須先做好市場調查研

究，並制訂科學的經營策略。

③**保持資金充沛**：企業必須永遠保持現金流量的充沛。

❖好的資金運轉，才會造就成功企業

如果資金無法正常流通，企業不會有發展空間和基本保障，所以想讓企業成功，必須以正確的資金運轉為前提。為了防止資產虧損，以巨人集團為例，管理者應該做到以下四件事：

①**擁有適當的策略目標**：巨人集團在原本蒸蒸日上的局勢中，由於定位不精準，不顧資金短缺就展開多角化經營，造成資金鏈斷裂，這時破產便成為不可避免的事。

②**科學管理和技術創新**：造成巨人集團資金虧損的主因，是管理跟不上發展，也就是管理層沒有隨著企業規模擴大而逐步調整。一般情況下，管理層的主要任

務是有效整合，這正是企業穩健發展的關鍵，否則難以發揮整體優勢，子公司會各自為政，造成內部協調困難、財務失控。巨人集團採用控股型組織結構形式，使各個子公司保持獨立，但缺乏科學管理和財務制度，造成違規和貪污事件層出不窮，加速陷入財務危機。

③**合理配置和運用財務資源：**巨人集團因為財務資源而成功，卻也因此失敗，原因在於財務資源沒有合理配置和運用。所以，企業要保持資產盈利，就必須好好協調資產的獲利與流動，並保持財務結構與資金的平衡。

④**產品符合市場需求：**企業盈利與資金的良性運轉都是依靠產品的銷量，只有產品被消費者喜愛，企業才能獲利。史玉柱經常潛入消費者之中，調查它們的愛好和消費模式，並進行改善，因此能夠東山再起。

危機2：人力資源

企業的發展離不開生產者和管理者，所以人力資源是企業發展的核心。人力資源一旦出現危機，就預告著企業即將面臨危機。

人力資源危機已成為影響企業發展的首要因素。根據調查，中國有百分之十四點四的企業處於高度危險狀態，百分之四十點四處於中度危機，半數以上處於中高度危機，甚至有百分之三十三點七的企業表示，人力資源危機已產生嚴重影響。

❖疫情對企業人力資源管理的衝擊

二〇二〇年新冠肺炎疫情爆發，限制了人與人的交流與互動，企業在經營運作上，特別是在人力資源管理的領域，必須加以因應與調整。

台企銀為了因應新型冠狀病毒疫情，設置疫情擴散應變小組，以掌握最新情況、準備與供應防疫資材、擬訂與執行防疫措施、鼓舞並關心疫情嚴重地區的同仁等防疫應變事宜，並且視需要向董事長與主管機關提出報告。

由於在武漢設有分行，台企銀規定中國地區員工除了上下班之外，如需離開辦公處所或居住地，應向單位主管報備。此外，上海分行協助武漢分行辦理法報資料報送作業。疫情結束前，海外分行（含子、孫公司）人員可暫免回台。另外，台企銀武漢分行、上海分行、香港分行及上海的台企銀國際融資租賃公司，每日向國際部呈報營運、人力及人員健康等事項。

這波疫情對企業的人力資源部門而言，既是危機也是轉機。除了要能快速反應之外，也要因應變化提出後續的相關措施，考驗著人力資源部門處理問題與緊急反應的能力。（註：本案例取材自傑報人力資源服務集團的文章。）

❖人力資源危機的四種類型

造成人力資源危機的主因是管理失控，根據產生危機的原因，可分為四種類型，包括人力資源過剩、人力資源短缺、缺乏企業文化、員工缺乏忠誠度。

第一類：人力資源過剩

人力資源存量過多或配置超過發展需要，和企業的經營狀況有關，一般是由於效益不佳、企業併購、策略失誤三種情況所引起。不過，一旦企業規模擴大、效益提高或經營策略發生變化，人力資源過剩危機就會自動解除。

因為企業經營不佳造成效益低下、市場萎縮，需縮減業務規模或撤銷分支機構，而造成人力資源過剩，是企業危機中最明顯的。

另外，企業併購雖然能擴大規模，但如果無法妥善處理整合機構、安排管理人員等問題，不僅無法提高競爭力，反而會造成人力資源過剩。

有些企業會設定過高的目標來配置人力，但實際情況與目標差距太大時，各級組織或團隊會人滿為患，最後不得不大量裁員，這不僅影響形象，也是對員工不負責任的表現。

第二類：人力資源短缺

人力資源短缺和過剩，似乎是兩種相反的企業危機，但事實上兩者都是在成長擴張的過程中產生。雖然它們都對企業造成一定的影響，但人力資源短缺是影響發展的核心因素。

面對激烈的市場競爭環境，企業要生存發展就必須具備高度競爭力，若缺乏人力資源，則無法展開經營策略，甚至耽誤先機，使企業在激烈的市場競爭中處於劣勢，陷入管理困境。以下將詳細說明這兩種情況的表現形式：

①人力素質低下：隨著企業發展，策略目標和發展策略必須進行相應的調整，並要求企業提升管理水準和技術，如果管理水準和員工的技術不能適應變化，企業就會出現人力資源素質低下的危機，也就無法滿足企業發展策略的要求。

許多企業普遍存在人力資源短缺的危機，這不僅表現在員工的知識、技能和經驗上，還表現在職業精神和職業道德方面。舉例來說，員工經常違背、達不到要求或思維沒有進入狀態，造成許多錯誤和矛盾。這種困境持續的時間長短，與培訓體系是否完善或有效有直接的關係。

②**缺乏核心人才：**企業生產需要大量的員工，更需要核心人才，特別是以專案形式運作的高科技企業，這類人才顯得尤其重要。如果缺乏運作專案的人才，就不能進行正常規劃，而嚴重阻礙企業發展。

由於市場的週期變化與不確定性，人力資源規模也會受市場變化影響。旺季時，核心人才嚴重短缺，使他們疲於奔命，但在淡季時，人員過剩導致企業成本增加。企業想解決這樣的問題，需要提前做好人力規劃，防止出現結構性短缺，給企業和員工帶來不好的影響。

第三類：缺乏企業文化

簡單來說，就是內部無法達成共識、缺乏凝聚和號召力、員工的要求得不到滿足且沒有歸屬感。企業文化雖然不能產生直接的經濟效益，有時還需要企業擴大投資，提高經營成本，但長遠來看，它會激發員工的工作熱情，讓員工更加積極。

然而，許多管理高層看不到企業文化的功用，看重生產勝過於文化，導致企業引發文化危機。其實，企業文化與管理者有一定的關係。這類危機的根源，在於管理者自身的素質和魄力，如果管理者缺乏文化的建設能力或精神境界，便無法營造出讓企業持續發展的力量，更不可能激發員工的凝聚力。

這種狀況會在員工內心蔓延，是各種人事矛盾和衝突的根源，也是目前企業最常見的人力資源危機。引發此類危機的原因，在於企業缺乏核心價值觀或有效溝通，員工對企業的存在價值與認同感到匱乏，如同一盤散沙。

由於沒有共同願景與心靈默契，員工各自為政，凡事先從個人或小團體出發，只看重個人與局部利益，導致企業內部缺乏公平公正。

第四類：員工缺乏忠誠度

這類危機會直接影響企業發展。由於不注重企業文化，使員工缺乏認同感，為了追求更高的收入或發展空間，就會產生跳槽的念頭，特別是高層集體跳槽。這往往會帶給企業嚴重的損失，因為只要高層人員不更換行業，就很可能投奔至競爭對手，帶來更大的衝擊。

企業追求的目標是利潤，也就是效益，而員工在意的是自己的飯碗。員工不僅在意自己的飯碗能否端牢，更在意飯碗的品質，所以他們會關注當前的待遇，更關心個人和公司今後的發展前景。企業想留住人才，不單單要建立健全的薪酬體系，更需要創建良好的企業文化，讓員工對企業有情感歸屬和價值認同，以增強凝聚力。

總之，人力資源危機對企業的發展有著重大影響。為了避免不必要的損失，企業必須根據情況做好準備，特別是管理者要提高識別和應對人力資源危機的能力。

危機3：企業形象

企業形象是企業文化的外在表現，是社會對企業的整體感覺、印象和認知，也是反映企業狀況的綜合表現。在激烈的競爭中，唯有良好的企業形象，消費者才會願意購買這家企業的產品或服務，否則就會拒之門外。因此，擁有良好的形象不僅是企業創造利潤的前提，更是長久發展的必要條件。

❖企業形象會影響長遠利益

企業一旦出現形象危機，就會造成不可挽回的損失。有些人認為，出現這類危機是由於企業內部管理不善或操作不當，使信用、名聲和威信大幅降低，對經營造成不利影響。也有人認為，是企業家自身形象不良，或不正當競爭等因素，而產生負面影響和評價，降低企業的信任和威信。

不管是哪種看法，都強調：**一旦企業產生形象危機，其產品或服務便不再被社會和市場接受或認可，這關係著企業的長遠利益**。

二〇〇九年四月十三日，以降火氣聞名的王老吉涼茶，被杭州某消費者起訴，因為經常飲用王老吉涼茶，而引發胃潰瘍。由於此案引起輿論的關注，問題很快有了下落。

五月十一日，中國國家疾控中心營養與食品安全所對外發布消息：王老吉添加的某些原料不符合《食品安全衛生管理法》規定。這個消息一公布，王老吉的企業形象受到打擊、效益銳減，背負著巨大的輿論壓力。

王老吉迅速採取應對措施，緊急召開記者會，並對外宣稱王老吉涼茶中含有的夏枯草配方是合法的，也沒有添加物。為了盡快解除危機，王老吉透過中國衛生部發布聲明，稱自己在二〇〇五年就已在衛生部備案，一再強調夏枯草非常安全，無任何副作用。

王老吉經過緊急處理之後，扳回了企業形象。這件事告訴我們，高知名度及高影響力的企業，只要出現任何一點波瀾，就有可能產生形象危機。因此，企業在平時的經營活動中，必須做到以下三點：

①**嚴格守法**：依法經營、嚴格遵守行業規則，才能降低發生危機的可能性。

②**不誇大宣傳**：行銷宣傳有度，不要做假宣傳，避免過分誇大。

③**建立信譽**：積極建立品牌的信譽，因為信譽是企業的無形資產。

❖ 造成企業形象危機的原因

形象危機是任何企業在發展過程中不可避免的問題，例如：產品品質不合格、誠信危機、法律糾紛、勞資糾紛、重大事故等，這些危機一旦被大眾知曉，就會使企業的形象遭受考驗，進而影響績效，甚至關乎存亡。

然而，相較於其他危機，企業形象危機的特徵是具有突發性，一旦發生，企業原有的發展格局就會被打亂，對企業的影響也立竿見影，甚至具有毀滅性。因此，企業的決策者必須迅速做出反應，將風險降到最低。

造成企業形象危機的原因有很多，一般來說有兩種情況，分別是外因和內因。外因指的是外部不可抗力的原因，例如：毒奶粉事件對整個乳製品行業的影響、瘦肉精對整個肉類行業的影響。內因則是企業內部危機意識不強、管理疏忽等，主要有以下四種表現：在價值理念上缺乏正確的觀念與文化、形象管理缺乏危機意識和預警機制、形象操作缺乏科學系統的理論、缺乏處理形象危機的技巧。

很多企業陷入形象危機時反應過慢，無法及時與消費者或媒體進行溝通，甚至在危機出現時，試圖掩蓋事實，這麼做往往會適得其反。

企業就像人一樣，有時也會犯錯。處理形象危機的最佳方式，應該是在出現錯誤後，及時讓消費者了解事情的原委，將危機處理透明化，才有機會取得消費者的諒解。

危機4：發展瓶頸

任何事物的發展都有一個過程，就像人生有高峰也有低谷，低谷像是企業發展的瓶頸期。當企業遇到以下兩種情況，就會面臨瓶頸期：

①**產業瓶頸**：指一個產業在相關的體系中，不能適應其他產業的發展。

②**生產瓶頸**：指工作的完成時間與品質等因素，無法發揮整體水準。

如果能在瓶頸期找到出口，企業將迎來發展的機遇，取得更大的成功，否則可能會一直深陷其中。

❖垂直農業發展瓶頸多，無法解決糧食危機

農業科技發展多年，現在已開始商業化，包括與固定通路合作成為農產品的供應商，相關技術的投資也一直是市場焦點。美國Bowery Farming在二〇一八年底從Google獲得九千萬美元資金，而美國最早的垂直農業機構之一AeroFarms，去年從IKEA、杜拜風險投資基金等地方獲得四千萬美元。市場估計二〇一七至二〇二四年，垂直農業市場價值將從二十五億美元增加到一百三十億美元。

GE子公司Current和前飛利浦照明業務公司Signify都看到市場商機，紛紛推出新的照明解決方案，可以與軟體配合，達成精準農業的要求。垂直農場經營者相信，隨著技術成本降低，垂直農場也可以大規模生產高價值作物，抵銷能源成本。但是，經營此類農場的成本很高，它們的利基方式是種植昂貴產品。

最新研究顯示，垂直農業雖能解決耕地不足的問題，但會帶來另一種糧食危機，原因除了垂直農場需要龐大的電費與操作成本之外，它只適合種植綠葉蔬菜和草本植物，無法涵蓋所有蔬果作物。

有專家指出，使用電力種植作物的可持續性也存在疑問，這種標榜利用最少自然資源的農場，卻使用大量的燃煤發電來種植蔬菜。另外，目前垂直農業只能作為輔助，不能當作唯一的解決方案，仍需要思考正在減少的土地和糧食安全的根本問題，以及技術的創新。（註：本案例取材自《TechNews科技新報》的文章。）

❖企業難以長久存活的共同點

近幾年中國私人企業雖然快速發展，卻難以長久維持。根據調查，全國私人企業約有百分之七十在前五年內倒閉，剩餘的企業中又有百分之七十在十年內倒閉，平均壽命只有七點零二年。

如果仔細分析這些企業，不難發現它們主要有以下五個共同點：

①**缺乏策略目標**：擁有科學的策略目標，是長久發展的指標。遺憾的是，很多創辦人在創業時沒有認真思考未來，只考慮眼前能否獲利，沒有從策略的角度看

待企業，更不用說擁有科學的策略規劃。市場變化迅速，如果不能做長遠打算，遲早會被淘汰。

②**缺乏核心產品：**核心產品是一家企業立身的基石，小型企業想在本業贏得一定的生存空間不是件容易事，如果不知道怎麼維持獲利，不僅無法推進企業發展，還會推向死路。很多小企業卻沒有意識到這點，總是無法堅持自己的主營業務，只要稍微賺到一點錢就想跨足其他行業。

③**體制不全、分工不精：**不管企業的規模大小，都需要一個完整的組織結構。有了好的組織結構，就可以透過設立標準來確保人才。許多企業缺乏組織結構和科學的用人機制，全憑管理者的興趣來安排職務，導致運轉受到嚴重影響。當面臨外界強烈的競爭時，企業就會非常被動。

④**員工有職無權：**有些管理者對員工缺乏基本信任，當企業發展到一定程度，管理者仍然事必躬親，不放權給員工，部門經理形同虛設，造成員工對工作缺乏熱情與動力。唯有適當下放權力，才能建立能幹的隊伍。如果管理者緊抱著權力不放，甚至不顧眾人反對，企業的前景便不樂觀。

⑤**對員工過於節儉：**對行政支出來說，節儉是應該的，不該花的錢絕對不能亂花，這是降低成本、提高效益的重要途徑，但很多小企業對員工非常苛刻，不僅有業績不獎勵，平時的每一分開支還要精打細算。企業如此過分節儉，員工怎麼會積極工作？

企業想獲得長久的發展，不僅要有雄厚的資本、大量的精英，還必須有明確的經營目標，這是經營成功的前提。沒有經營目標，企業生產就會陷入消極狀態。

其次企業還要深入分析自己「在行業中的定位」，以及「為了這個位置應該怎麼做」。這是贏得成功的保證，也是長久發展的關鍵，只有具備科學的用人機制與獎懲機制、發展規劃和管理體制，才能突破瓶頸危機，最終破繭成蝶。

危機5：客戶流失

客戶對於企業的重要性毋庸贅言。沒有大量穩定的客戶，企業就不會快速發展。在行銷手段日益成熟的今天，客戶量變得很不穩定。客戶流失、銷量下滑，兩者預告著企業效益的降低。無論是中小企業或是大企業的管理者，一定要擦亮眼睛，時刻關注客戶動向，以免在不經意間流失他們。

❖中國移動兩個月流失八百多萬客戶

中國移動近日公布一則二〇二〇年二月的運營數據，顯示用戶明顯減少。據了解，這是移動公司第二次客戶總數下跌，對比一月的總量來看，在二月足足少了七百二十五萬人，流失狀況慘重。看到這個消息，不少網友表示移動該好好反省，想留住客戶應該腳踏實地，拿出品質與性價比。不過，如今移動的優勢已經不再。

自一九九七年，中國移動每月都會公布用戶數據，但從近期的數據來看，二〇二〇年一月，客戶較上個月減少八十六點二萬，儘管移動的用戶龐大，但僅僅一個月就流失八十六萬人，若不採取措施挽留用戶，日後的發展將受到影響。二月份客戶的流失更創歷史新高，比一月多了七百二十五萬，兩個月累計達八百一十一萬。為什麼僅僅兩個月，客戶會流失這麼多？

其中原因可能與中國倡導攜碼服務有關，還有部分原因是移動目前已全面放棄贈送寬頻策略，並提高贈送門檻，讓不少用戶改用其他公司的方案，如果移動不提出對策，客戶流失還會更加嚴重。（註：本案例截取自每日頭條）

❖ 造成客戶流失的五個常見原因

客戶流失危機一旦出現，將為企業的市場運作帶來不利。因此，我們必須明白客戶流失的原因，以下提供五個常見原因：

①**企業缺乏誠信**：俗話說：「言而無信，不知其可」對公司來說，誠信是金；對客戶來說，是擔心和沒有誠信的企業合作。有些企業為了追求利潤，一開始向客戶隨意承諾，結果卻無法兌現。一旦客戶發現企業缺乏誠信，便會馬上抽身離開。穩定的客源會讓企業充滿活力，回頭客的作用更不可低估，但是不能兌現的許諾不僅不會招來客戶，反而會讓老客戶投向競爭對手。

②**行銷人員流動**：這是現今客戶流失的重要原因之一。由於直接與客戶打交道的是行銷人員，特別是高級行銷管理人員，他們的離職或變動容易造成客戶流失。行銷人員是最不穩定的流動大軍，如果他們不能有效發揮作用，就會選擇離職，而離職的背後往往伴隨著客戶的大量流失。

③**客戶被競爭對手搶奪**：在任何一個行業裡，客戶都是有限的，因此銷量龐大的客戶對企業來說更是珍貴無比。不過，其他企業也會對這些頂端客戶格外關注，導致這些客戶成為眾多企業的爭奪對象，所以管理者一定要時刻關注他們

的反應，防止被對手搶走。

④**企業波動：**任何客戶都喜歡與運行良好的企業合作，因為他們的產品和服務品質有保證。客戶一旦發現經營狀況出問題，就會為了自身利益而果斷離開，給企業帶來無法彌補的損失。

⑤**管理不善：**對客戶採取雙重標準，也是導致客戶流失的重要原因。一般情況下，百分之八十的銷量來自百分之二十的客戶，因此很多企業會為大客戶設立接待中心，對他們熱情相待，卻對小客戶不聞不問。其實這是錯誤的管理方式，因為從小客戶身上賺取的利潤往往比大客戶高，可以為企業帶來可觀的利益。

❖防止客戶流失，要做好這三項工作

另外，企業管理不善還會造成產品品質低落、職員離職、售後服務的問題，這些都會導致客戶流失。所以，為了防止客戶流失，企業要做到以下三項工作：

①**完善管理制度：**想治理一個國家，需要科學的制度。同樣地，管理一個企業並防止客戶流失，也需要科學的制度。只有完善管理制度並留住人才，才能從根本上解決客戶流失的問題。

②**誠信經營：**企業一定要在誠信經營的前提下取得利益。事事講求效率而忽視誠信，雖然能帶來一時的效益，但長遠來看會造成大量客戶的流失，而且還會帶來其他風險。誠信經營也許在短時間內不能贏得利益，但是可以贏得更長久，時間久了，誠信就是企業最大的無形資本。

③**避免大客戶跳槽：**企業要健康發展，離不開大客戶的大力支持，所以必須提升他們的滿意度。為此，企業必須經常接近大客戶，及時掌握他們的需求，不僅要組建專業的管理部門，還要採取適當的銷售模式，努力做到個人化行銷及服務。另外，也可以建立銷售激勵體系，透過激勵的方式讓大客戶嘗到合作的甜頭。

危機6：專案停滯

二〇一五年六月，搜狐財經轉載《中國經濟週刊》的文章，題目是「李小丹緣何夢斷丹東」。李小丹原本是北京三幸環球光學有限公司董事長，在二〇一〇年回到遼寧省丹東老家，以企業家的身分建立丹東新區視光產業園，得到當時丹東市政府的大力支持。

根據報導，地方政府給予國際視光產業園專案高度評價。丹東市招商局當天的會議記錄顯示，高層官員當場答覆將視光產業園區升級為省級重點園區，免除土地出讓費，並給予貼息貸款。這讓李小丹很感動，彷彿看到未來的無限商機。

但如今，隨著政府主事者的異動，李小丹的境遇開始發生逆轉，專案停滯、債務纏身，無奈之下只好向政府提出訴訟。

這則故事充分說明專案一旦遭遇停滯危機，將帶來嚴重的毀滅性影響。

❖造成專案停滯的原因

專案停滯的原因，可分為內部和外部兩種。就內部原因來說，一般是因為施行單位認為，繼續進行此專案沒有利益可言，或是發現專案存在問題。在這種情況下，施行單位會主動停止，造成專案停滯。再者是施行單位由於資金問題而不能繼續推動，導致專案被迫停滯，前述提及的巨人集團大樓就是因為資金問題而停建。

就外部原因來說則有兩項，一是天氣或流行病等外部環境的影響，造成專案不能繼續，二是專案負責人及相關人員發生變化。李小丹的專案停滯就是因為政策發生變化，導致無法繼續進行。

專案停滯如果是外部原因導致，不僅意味著先期投入的資金全部無法動彈，還會影響企業正常運作，特別是資金的流動。

資金無法流動會產生以下三種影響：

①**增加財務支出：**每項工程都有一定的預算，而其中一部分與工期有關，專案每延緩一天企業就會增加一天的開支。如果專案停滯的時間短，對企業的影響還小；如果停滯時間長，就會帶來巨大的財務負擔。

②**毀壞信譽：**企業沒有信譽，就沒有發展前途。李小丹的視光產業園已經與許多家企業簽訂合約，但後來全部成為泡影，不能按時交付成果，牽扯到企業及工程單位的利益，不僅要賠償巨額違約金，還無法展開其他業務。

③**危害經濟效益：**專案停滯不僅影響施工單位的效益，還讓企業營運停頓，而且沒有廠房就不能生產，已經接下的訂單也就不能按時完成，這不僅會毀壞企業的信譽，還會帶來無法挽回的損失。由於專案停滯，企業不只無法實現願景、提高經濟效益，還會嚴重影響運作。

總之，專案停滯危機不僅會影響一家企業的發展，還會引起連鎖反應，對企業與社會帶來嚴重的損害。

NOTE

國家圖書館出版品預行編目(CIP)資料

麥肯錫教你如何談判的說話課：16種方法讓對手卸下武裝，一起把利益的餅做大！/ 寧姍著
--初版. --新北市：大樂文化，2021.07
224面；14.8×21公分 . --（Smart；110）

ISBN 978-986-5564-25-4（平裝）
1. 商業談判
490.17　　110006374

Smart 110

麥肯錫教你如何談判的說話課

16 種方法讓對手卸下武裝，一起把利益的餅做大！

作　　者／寧　姍
封面設計／蕭壽佳
內頁排版／思　思
責任編輯／張巧臻
主　　編／皮海屏
發行專員／呂妍蓁、鄭羽希
會計經理／陳碧蘭
發行經理／高世權、呂和儒
總編輯、總經理／蔡連壽
出 版 者／大樂文化有限公司（優渥誌）
地址：220 新北市板橋區文化路一段 268 號 18 樓 之 1
電話：（02）2258-3656
傳真：（02）2258-3660
詢問購書相關資訊請洽：2258-3656
郵政劃撥帳號／50211045　戶名／大樂文化有限公司

香港發行／豐達出版發行有限公司
地址：香港柴灣永泰道 70 號柴灣工業城 2 期 1805 室
電話：852-2172 6513　傳真：852-2172 4355

法律顧問／第一國際法律事務所余淑杏律師
印　　刷／韋懋實業有限公司

出版日期／2021 年 7 月 22 日
定　　價／280 元（缺頁或損毀的書，請寄回更換）
I S B N　978-986-5564-25-4